高等学校电子信息类系列教材

微波技术简明教程

王亚飞　　编著

U0379202

西安电子科技大学出版社

内 容 简 介

本书从微波传输的角度阐述微波技术的基础理论和方法。全书共 7 章,在对微波进行概述的基础上介绍了一种理论——传输线理论,一种工具——Smith 圆图,一种状态——阻抗匹配,一种结构——规则波导,一种模型——微波网络和一种现象——线间串扰。

本书除第 1 章外,其他各章都配有主要知识表格、习题和习题参考答案,并为主要彩色图片配备了二维码,以期多角度、全方位地为读者高效地学习、理解与掌握微波技术的基础理论和方法提供帮助。同时,本书还配有 PPT 课件、教学大纲(读者可自行在出版社官网获取)、在线开放课(融优学堂平台)等资源。

本书面向高水平应用型高校,可以作为信息与通信工程、电磁场与微波技术、微电子科学与工程等专业的本科生教材,也可以作为相关技术人员的参考书。

图书在版编目(CIP)数据

微波技术简明教程 / 王亚飞编著. --西安:西安电子科技大学出版社,2023.11
ISBN 978 - 7 - 5606 - 6974 - 8

Ⅰ. ①微… Ⅱ. ①王… Ⅲ. ①微波技术—高等学校—教材 Ⅳ. ①TN015

中国国家版本馆 CIP 数据核字(2023)第 152928 号

策 划 薛英英
责任编辑 薛英英 陈 婷
出版发行 西安电子科技大学出版社(西安市太白南路 2 号)
电 话 (029)88202421 88201467 邮 编 710071
网 址 www.xduph.com 电子邮箱 xdupfxb001@163.com
经 销 新华书店
印刷单位 陕西博文印务有限责任公司
版 次 2023 年 11 月第 1 版 2023 年 11 月第 1 次印刷
开 本 787 毫米×1092 毫米 1/16 印张 10.5
字 数 243 千字
印 数 1~1000 册
定 价 35.00 元
ISBN 978 - 7 - 5606 - 6974 - 8/TN
XDUP 7276001 - 1

* * * 如有印装问题可调换 * * *

前　言

微波是指波长很短的电磁波。波长愈短，频率愈高，在微波频段（300 MHz～3000 GHz），低频电路理论已经不再适用，必须使用新的方法和理论。微波技术是研究微波产生、放大、发射、传输、接收、测量和应用的技术。随着科学技术的进步和时代的发展，微波技术已融入我们的生活，从雷达、遥感、导航到通信，微波技术正深刻影响并改变着我们的生活。

本书共分为 7 章，重点从微波传输的角度来阐述微波技术的基础理论和方法，这也是研究微波技术其他方面的基础。为了使学习者思路清晰，不迷失方向，本书给每章都赋予了一条主线。第 1 章的主线是绪论，概述什么是微波。第 2 章的主线是理论，重点介绍传输线理论以及传输线参量的计算方法。第 3 章的主线是工具，重点介绍 Smith 圆图的构成原理以及如何使用 Smith 圆图工具解决传输线中的问题。第 4 章的主线是状态，重点介绍阻抗匹配这一工作状态的达成条件以及如何应用 Smith 圆图工具进行阻抗匹配设计。第 5 章的主线是结构，重点介绍规则波导这种大功率容量的微波传输结构以及电磁场在规则波导中的模式。第 6 章的主线是模型，重点介绍微波网络模型以及散射参量等实用的微波网络参量。第 7 章的主线是现象，重点介绍微带传输线间的串扰以及影响串扰的因素。

本书在总体内容上删繁就简，在局部上化简为繁，繁简结合，力求用精简的语言和详细的过程描述出微波技术的基本原理和方法。每章赋予的主线使学习者有抓手、有方向、有思路。每章配有的主要知识表格和习题使学习者有重点、有依托、有目标。全书正文在页面上留白并附主要彩图的二维码，使学习者有参考、有记录、有总结。

本书在编写的过程中，参考了本领域前辈和同行的一些观点、资料和书籍，在此对相关作者表示诚挚的感谢和敬意。感谢西安电子科技大学出版社编辑薛英英，与她在一次在教学研讨会上的交流，使我下定决心完成本书。此外，本书的编写还得到了 2021 年北京高等教育"本科教学改革创新项目"的支持。

由于本人水平有限，书中不足之处在所难免，欢迎读者批评指正。

作者邮箱：20061590@bistu.edu.cn。

王亚飞

2023 年 6 月于北京

目　录

第1章 绪论——微波概述

微波技术是一定频率范围内与电磁波产生、放大、发射、传输、接收、测量和应用有关的技术。作为典型的应用驱动的技术，微波技术正在并仍将在广播电视、无线通信、移动网络等领域扮演不可替代的角色。进入新时代，微波技术的应用进一步深入到航空航天、宇宙探测、国防科技、微纳技术等领域，在国民经济和国防建设中发挥着越来越重要的作用。本章主要回答如下问题：

(1) 微波是什么？

(2) 微波有什么特点？

(3) 为什么要研究微波？

(4) 怎样研究微波？

1.1 微波的定义

微波是一种电磁波。电磁波是电磁场的一种运动形态，是由方向相同且互相垂直的电场与磁场在空间中衍生发射的振荡粒子波，是以波动形式传播的电磁场。电场和磁场振荡一次是一个周期，每秒振荡的次数就是电磁波的频率，而电磁波以光速传播，波长就是在一个振荡周期中电磁波以光速传播的距离。

微波中的"微"是微小的意思，"波"是指电磁波，结合起来就是波长微小的电磁波，其波长一般限定在 0.1 mm 到 1 m 之间。由于波长和频率的乘积等于真空中的光速，因此微波对应的频率范围为 300 MHz～3000 GHz，所以微波技术研究的对象就是 300 MHz～3000 GHz 频率范围内的电磁波，包括分米波(1 dm～1 m)、厘米波(1 cm～1 dm)、毫米波(1 mm～1 cm)和亚毫米波(0.1 mm～1 mm)。

图 1.1 给出了微波在电磁频谱中所处的位置，它处于超短波和红外线之间。

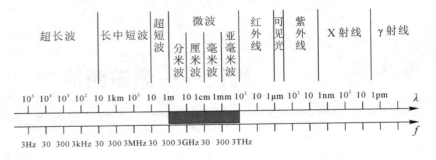

图 1.1　微波频段在电磁频谱中的位置

1.2　微波的特点

微波具有波粒二象性，它的特点和波长有关。一方面，它的波长比普通无线电波短，另一方面，它的波长又比可见光长，因此它具有自己的特点，即穿透性、反射性、吸收性与信息性。

1. 穿透性

对于玻璃、塑料和瓷器这类绝缘体，微波是穿透而几乎不被吸收的。在无线电波中，只有微波能穿透电离层，这是由微波的波长特点和电离层自己的特性所导致的。受地球以外射线（主要是太阳辐射）对中性原子和空气分子的电离作用，距地表 60 km 以上的整个地球大气层都处于部分电离或完全电离的状态，致使电离层对于短波几乎全反射，而在微波波段则有若干个可以穿透电离层的"宇宙窗口"，因此微波是独特的宇宙通信手段。微波穿透电离层示意图如图 1.2 所示。

2. 反射性

对于金属类的理想导体，微波会被完全反射，这是因为理想导体内部电场为零，不能产生电场。当微波遇到的介质是理想导体时，所有的电磁波都会被反射回去。在金属波导（见图 1.3）中，微波的传播就受到了波导内壁的限

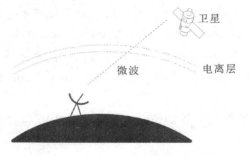

图 1.2　微波穿透电离层示意图

图 1.3　金属波导

制和反射，从而可实现低损耗、大功率容量的微波传输。在雷达对目标进行探测时，雷达对目标发射微波并接收其反射波，由此获得目标的距离、速度、方位和高度等信息。

笔记

3. 吸收性

水和食物等会因为吸收微波而使自身发热。当微波辐射到食物时，食物内部的水分子会快速振动，而物质的温度正是由构成它的微小颗粒的振动速度决定的，由此食物被加热。物质吸收微波的能力，主要由其介质损耗因数来决定：介质损耗因数大的物质对微波的吸收能力强，介质损耗因数小的物质吸收微波的能力弱。由于各种物质的损耗因数存在差异，因此微波加热就表现出选择性加热的特点。物质不同，介质损耗因数不同，产生的热效果也不同。水的介电常数较大，其介质损耗因数也很大，对微波具有较强的吸收能力。而蛋白质、碳水化合物等的介电常数相对较小，介质损耗因数也小，其对微波的吸收能力比水小得多。因此，对于食品来说，含水量的多少对微波加热效果影响很大。

4. 信息性

因为微波波长很短，所以对应频率很高，其可用的频带很宽，可达数百至数千兆赫兹，这个范围又可以分为若干频段。不同频率的微波都可以承载信息，各有用途，所以微波承载的信息容量大。现代多路通信系统，包括卫星通信系统，几乎都是工作在微波波段。国家许可相关运营商的 5G 频谱分配情况如图 1.4 所示。此外，微波信号还可以提供相位信息、极化信息、多普勒频率信息，这在目标探测、遥感、目标特征分析等应用中都是十分重要的。

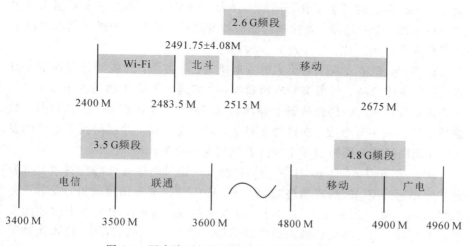

图 1.4　国家许可相关运营商的 5G 频谱分配情况

1.3 研究微波的意义

1864 年，英国物理学家麦克斯韦（1831—1879）在总结前人研究电磁现象的基础上，建立了完整的电磁场理论，将电磁场理论用数学形式表达出来，形成了麦克斯韦方程组。他又预言了电磁波的存在，推导出电磁波与光具有同样的传播速度。1887 年，德国物理学家赫兹（1857—1894）用实验证实了电磁波的存在。

麦克斯韦方程组容纳了整个电磁学领域的基础和定律。简单来说，麦克斯韦方程组中有四个方程，第一个方程描述电场（高斯定律），第二个方程描述磁场（高斯磁定律），第三个方程描述磁场如何激发电场（法拉第电磁感应定律），第四个方程描述电场如何激发磁场（麦克斯韦-安培定律）。这些定律准确而全面地描述了电磁现象，而微波只是电磁学领域中的一部分，所以微波技术是一门成熟的学科。

微波的发展始于 19 世纪初。早期，人们主要研究微波的产生方法。在第二次世界大战期间，军事应用的迫切需要促进了微波技术的迅猛发展，微波开始应用于雷达。之后，微波开始应用于通信、广播与电视、医学与能源、遥感与测绘、计算机等方面，并向着小型化、宽带化、自动化和智能化等方面发展。

中国微波之父、我国电磁场与微波理论的主要奠基人林为干院士（1919—2015）在闭合场理论、开放场理论和镜像理论等方面作出了卓越贡献，由他提出的一腔多模理论，推动了卫星通信、移动通信等领域的发展。

中国通信科技界泰斗、我国微波通信的领路人叶培大院士（1915—2011）在微波通信领域作出了卓越贡献，从 1973 到 1977 年，完成了微波中继通信 960 路机的研制工作，特别是依靠自主创新在国内首次研制出微波波导校相器、分并路器、直接耦合滤波器等器件，使微波中继通信 960 路Ⅱ型机全部实现国产化。

近些年，微波迎来了它更大的发展机遇。一方面，无线和移动通信大发展，各种微波产品从投资类变成消费类，微波进入人们生活的各个方面；另一方面，微波深入高科技的各个领域，航空航天、宇宙探测、国防科技、微纳技术等都离不开微波。在这种形势下，微波技术和产业都得到了更快的发展，在国民经济和国防建设中发挥着越来越重要的作用。

2022 年 6 月 27 日 23 时 46 分，我国长征四号丙运载火箭在酒泉卫星发射中心点火升空，随后成功将"高分十二号 03 星"送入预定轨道，发射任务取得圆满成功。"高分十二号 03 星"可以从约 600 km 高的太空中向地面发射微波信号，而这些到达地面的微波信号经过地面物体的反射，将再次被卫星接收，并进行解算和转换，最终获得高分辨率的地面图像，可用于国土普查、城市规划、土地确权、路网设计、农作物估产和防灾减灾等领域。"高分十二号 03 星"进入轨道后示意图如图 1.5 所示。

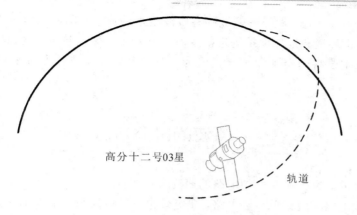

图 1.5　"高分十二号 03 星"进入轨道后示意图

　　2022 年 11 月 30 日 5 时 42 分，神舟十五号载人飞船成功自主对接于中国空间站天和核心舱的前向端口。自 2011 年完成神舟八号与天宫一号交会对接任务以来，中国航天科工集团第二研究院研制的微波雷达一直保证着我国载人航天重大工程任务的顺利开展。交会对接技术是发展载人航天、推进空间站建设必不可少的关键技术，而作为交会对接过程中关键的测量敏感器，微波雷达承担了相对距离从几米到百余千米范围内两个飞行器间距离、速度、角度等相对运动参数的高精度测量任务，成功助力我国成为世界上第 3 个独立掌握空间交会对接技术的国家。空间交会对接示意图如图 1.6 所示。

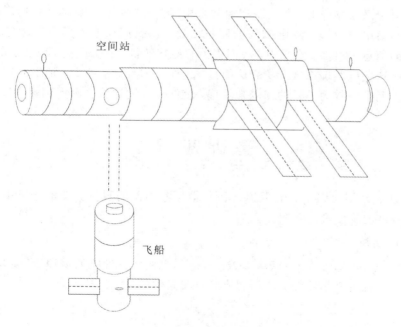

图 1.6　空间交会对接示意图

　　现在，人类已步入高度信息化的时代，电磁波这个资源更成为信息获取和传输的载体。新材料的开发、电磁兼容、天文宇宙和生命起源、地质石油、新能源开发、交通、海洋等领域都有微波技术的应用；国防和航空航天、健康和医疗、环境和地球保护等也都离不开电磁场和微波技术。电磁场、微波技术和其他学科的交叉和结合正成为一种趋势，为微波技术带来新的发展机遇。

1.4 微波的研究方法

微波的研究方法与低频电路的研究方法不同。

低频电路对应集总参数电路，研究集总参数电路采用的是电路理论，电压和电流与位置无关，一般无需采用电磁场的方法求解。描述低频电路的基本物理量电压和电流在微波系统中已经失去了物理意义，原本在集总参数电路中成熟的欧姆定律、电流定律等需要在新的分布参数电路条件下加以演变才能得以应用。

在微波频段，系统内各点的电场或磁场随时间的变化不是同步的，它们不但是时间的函数，而且是空间位置的函数。系统内的电场和磁场呈现分布状态，而非集总状态，因此，与电场能量相联系的电容和与磁场能量相联系的电感，以及与能量损耗相联系的电阻和电导都呈现分布状态，这样就构成了分布参数电路。研究分布参数电路需要采用电磁场理论，即在一定初始和边界条件下求解场量随时间和空间变化的规律。

对于微波频段的问题，我们通常采用"场"和"路"的方法求解。场理论的解能够给出空间每一点电磁场的完整描述，比我们在绝大多数实际应用中所需的信息多得多。实际中，我们更关心终端的量，比如阻抗、电压、电流、功率等这些电路理论概念所表达的量。这样，在一定条件下，把本质上属于"场"的问题等效为"路"的问题来处理，就能使问题比较容易得到解决。

1.5 基 础 知 识

以下分别对阻抗，电阻器、电容器与电感器的阻抗，矢量分析中的梯度、散度与旋度进行介绍。

1. 阻抗

阻抗是电路理论中的基本概念，是表示电路元件性能的物理量。如图 1.7 所示，阻抗定义为元件的电压和流经电路元件的电流之比，即

$$Z = \frac{U}{I} \tag{1.1}$$

式中，Z 表示阻抗，U 表示电路元件两端的电压，I 表示流经电路元件的电流。阻抗的定义适用于所有场合，无论是时域还是频域，但要注意的是阻抗不仅仅指电阻。

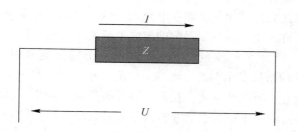

图 1.7　阻抗的定义

2. 电阻器、电容器与电感器的阻抗

以下分别在时域、频域下对电阻器、电容器与电感器的阻抗进行定义。

1）时域下定义

（1）电阻器两端的电压和流过电阻器的电流之比为其阻抗，即

$$Z = \frac{U}{I} = R \tag{1.2}$$

式中，U 表示电阻器两端的电压，I 表示流经电阻器的电流，R 表示电阻值（电阻器的阻抗就是其电阻值）。

（2）对于电容器，两端的电压和流过的电流之间的关系为

$$I = C\frac{dU}{dt} \tag{1.3}$$

式中，U 表示电容器两端的电压，I 表示流经电容器的电流，C 表示电容器的电容值。

根据阻抗的定义，电容器的阻抗为

$$Z = \frac{U}{I} = \frac{U}{C\dfrac{dU}{dt}} \tag{1.4}$$

（3）对于电感器，两端的电压和流过的电流之间的关系为

$$U = L\frac{dI}{dt} \tag{1.5}$$

式中，U 表示电感器两端的电压，I 表示流经电感器的电流，L 表示电感器的电感值。

根据阻抗的定义，电感器的阻抗为

$$Z = \frac{U}{I} = \frac{L\dfrac{dI}{dt}}{I} \tag{1.6}$$

以上在时域定义了电阻器、电容器和电感器的阻抗，虽然电容器和电感器的阻抗比较容易定义，但是难以使用，需要把阻抗转换到频域中表示，在频域中分析就比较方便。

2）频域下定义

在频域中，正弦波是唯一存在的波形，因此可以通过正弦波在电路元件

上的作用来描述元件的阻抗，即在电路元件的两端加上正弦波电压，然后观察流过这个元件的电流。按照阻抗的定义，正弦波电压与正弦波电流之比就是阻抗，那么，此时的阻抗包含了每个频率点上的幅值和相位，也就是说，任何电路元件的阻抗都由两部分组成，幅值和相位都与频率有关，都可能随频率变化而变化。所以在描述阻抗时，要说明是哪个频率下的阻抗。下面从这个角度，再来看一下电阻器、电容器与电感器的阻抗。

（1）施加正弦波电流 $I = I_0 \sin\omega t$ 使之流过电阻器，在电阻器的两端得到的正弦波电压为

$$U = RI_0 \sin\omega t \tag{1.7}$$

那么，正弦波电压与正弦波电流之比就是电阻器的阻抗，即

$$Z = \frac{U}{I} = \frac{RI_0 \sin\omega t}{I_0 \sin\omega t} = R \tag{1.8}$$

（2）在电容器的两端施加正弦波电压 $U = U_0 \sin\omega t$，那么流过电容器的电流就是电压的导数：

$$I = C\frac{\mathrm{d}U}{\mathrm{d}t} = CU_0\frac{\mathrm{d}(\sin\omega t)}{\mathrm{d}t} = CU_0\omega\cos\omega t \tag{1.9}$$

由于正弦波电压与正弦波电流之比是阻抗，所以电容器的阻抗为

$$Z = \frac{U}{I} = \frac{1}{\omega C} \cdot \frac{\sin\omega t}{\cos\omega t} \tag{1.10}$$

式中，$\frac{1}{\omega C}$ 代表了阻抗的幅值，$\frac{\sin\omega t}{\cos\omega t}$ 代表了阻抗 $-90°$ 的相移，所以在频域中，用复数来表示电容器的阻抗，即

$$Z = -\frac{\mathrm{j}}{\omega C} \tag{1.11}$$

（3）施加正弦波电流 $I = I_0 \sin\omega t$ 使之流过电感器，那么在电感器的两端得到的正弦波电压为

$$U = L\frac{\mathrm{d}I}{\mathrm{d}t} = CI_0\frac{\mathrm{d}(\sin\omega t)}{\mathrm{d}t} = LI_0\omega\cos\omega t \tag{1.12}$$

由于正弦波电压与正弦波电流之比是阻抗，所以电感器的阻抗为

$$Z = \frac{U}{I} = \omega L\frac{\cos\omega t}{\sin\omega t} \tag{1.13}$$

式中，ωL 代表了阻抗的幅值，$\frac{\cos\omega t}{\sin\omega t}$ 代表了阻抗 $90°$ 的相移，所以在频域中，用复数来表示电感器的阻抗，即

$$Z = \mathrm{j}\omega L \tag{1.14}$$

3. 梯度、散度与旋度

在电磁场理论中，矢量场分析非常重要，而梯度、散度与旋度是构成矢量场中各种关系式的基础。

梯度表示某一函数在该点处的方向导数沿着该方向取得最大值。对标量求梯度得到矢量。

对标量 $f(x, y, z)$ 求梯度：

$$\nabla f = \frac{\partial f}{\partial x}\hat{x} + \frac{\partial f}{\partial y}\hat{y} + \frac{\partial f}{\partial z}\hat{z} \tag{1.15}$$

笔记

式中，$\hat{x}$，$\hat{y}$，$\hat{z}$ 分别为 x，y，z 方向上的单位矢量。

散度表示空间中各点矢量场发散的强弱程度。对矢量求散度得到标量。

对矢量 $\boldsymbol{F}(x, y, z) = F_x(x, y, z)\hat{x} + F_y(x, y, z)\hat{y} + F_z(x, y, z)\hat{z}$ 求散度：

$$\nabla \cdot \boldsymbol{F} = \frac{\partial F_x}{\partial x} + \frac{\partial F_y}{\partial y} + \frac{\partial F_z}{\partial z} \tag{1.16}$$

旋度表示空间中三维向量场对某一点附近的微元造成的旋转程度。对矢量求旋度得到矢量。

对矢量 $\boldsymbol{F}(x, y, z) = F_x(x, y, z)\hat{x} + F_y(x, y, z)\hat{y} + F_z(x, y, z)\hat{z}$ 求旋度：

$$\nabla \times \boldsymbol{F} = \begin{vmatrix} \hat{x} & \hat{y} & \hat{z} \\ \dfrac{\partial}{\partial x} & \dfrac{\partial}{\partial y} & \dfrac{\partial}{\partial z} \\ F_x & F_y & F_z \end{vmatrix} = \left(\frac{\partial F_z}{\partial y} - \frac{\partial F_y}{\partial z}\right)\hat{x} + \left(\frac{\partial F_x}{\partial z} - \frac{\partial F_z}{\partial x}\right)\hat{y} + \left(\frac{\partial F_y}{\partial x} - \frac{\partial F_x}{\partial y}\right)\hat{z}$$

$$\tag{1.17}$$

式中，$\hat{x}$，$\hat{y}$，$\hat{z}$ 分别为 x，y，z 方向上的单位矢量。

1.6　本章习题

（1）一般微波对应的频率范围与波长范围是什么？

（2）微波有哪些特点？

（3）研究微波的方法有哪些？什么是"路"的方法，什么是"场"的方法？

（4）联系实际，展望微波未来的发展方向。

（5）当一个实际的电容器元件工作在微波频段时，它可等效为一个电阻 R、一个电感 L 和一个电容 C 串联的电路模型，写出该电路模型的阻抗。

第2章 理论——传输线理论

传输线理论是基于电路理论研究本质上属于电磁波传输的分布参数理论，是场分析与电路理论之间的桥梁。传输线是用来传输电磁能量的装置。传输线理论研究电磁波沿传输线轴向传输的特性，但不关注电磁场分布，只关注线上电压和电流的变化情况。本章主要回答如下问题：

（1）什么是传输线？

（2）什么是分布参数？

（3）什么是传输线方程？

（4）传输线参量有哪些？

（5）均匀无损耗传输线有哪些工作状态？

2.1 传 输 线

传输线是用来传输电磁能量和信息的装置，是把载有信息的电磁波，沿着规定的路由自一点传输到另一点。微波传输线与低频传输线不同，低频传输线必须为电路提供一个电流回路，而微波传输线本质上无需为电流构成回路，只需要约束和引导电磁波沿着规定的路由方向前进。微波传输线不仅能够传输电磁能量和信息，还可以用来构成各种微波元器件，比如微波滤波器，定向耦合器等，这与低频传输线的功能是完全不一样的。

微波传输线应具有传输损耗小、传输效率高、工作频带宽、功率容量大，尺寸规格小等特点。按其所传输的导行波形，微波传输线可分为三大类，如图 2.1 所示。

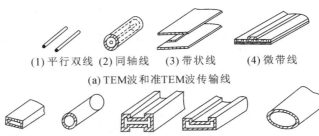

(1) 平行双线　(2) 同轴线　(3) 带状线　(4) 微带线

(a) TEM波和准TEM波传输线

(5) 矩形波导　(6) 圆波导　(7) 脊形波导　(8) 椭圆波导

(b) TE波和TM波传输线

(9) 介质波导　　(10) 镜像线　　(11) 单根表面波传输线

(c) 表面波传输线

图 2.1　传输线的分类

（1）TEM 波传输线（横电磁波传输线），结构上属于双导体传输系统，比如双导线、同轴线、带状线、微带线（准 TEM）。它们的工作频带较宽，一般工作频率范围从直流开始到吉赫兹（GHz）。在实际应用中，双导线的工作频率范围从直流到几百兆赫兹；同轴线的工作频率范围从直流到几十 GHz，多用于各种测量连接、同轴连接、通信系统等；带状线和微带线的工作频率范围从直流可达上百 GHz，多用于微波混合集成电路、微波单片集成电路等。

（2）TE 波和 TM 波传输线（横电波和横磁波传输线），结构上属于单导体传输系统，比如矩形波导，圆波导。它们的工作频带较窄，有最低工作截止频率，但功率容量大。在实际应用中，BJ100 型号的矩形波导工作频率范围为 8.20～12.5 GHz；BJ900 型号的矩形波导工作频率范围为 73.8～112 GHz。波导多用于雷达系统，地面基站、天线馈电网络等。

（3）表面波传输线（TE 波和 TM 波的混合，也可以为 TE 波或者 TM 波），电磁能量沿传输线的表面传输，比如介质波导，镜像线。在实际应用中，它们工作在毫米波或者亚毫米波波段，多用于制作集成器件等。

本章以 TEM 波传输线来研究传输线理论，使用的是双导线模型。为此，我们需要先来认识一下什么是"长线"。所谓长线是指传输线的几何长度 l 比其线上传输的电磁波的波长 λ 长，或者是可相比拟。通常从数学上认为 $l/\lambda > 0.1$ 时为长线，反之为短线。长线和短线是相对于其所传输的电磁波的波长来说的。

需要注意的是长线绝不意味着传输线的几何长度很长。对于同一个传输线，是长线还是短线，这是一个相对的概念。在不同的工作频率下，同一传输线可能呈现的是不同的特性，所以针对一个具体的传输线，要把握长线的定义，用定义来判断它是长线还是短线。之所以强调这个问题，是因为短线可以直接用集总参数来分析问题，而长线需要用分布参数来分析问题。

2.2　分布参数

分布参数是相对于集总参数而言的。

当电路工作在较低频率时，认为连接元件的导线是既无电阻也无电感的理想连接线，导线即为短线，电场能量全部集中在电容器中，磁场能量全部集中在电感器中，只有电阻器消耗电磁能量，由电阻器、电容器、电感器

笔记

这些集总参数元件组成的电路称为集总参数电路。在集总参数电路中，传输线上电压、电流的大小和相位与空间位置无关。

当电路工作在较高频率时，导线表面流过的高频电流会产生趋肤效应，致使导线的有效导电横截面积减小，使沿线高频损耗电阻加大，从而产生分布电阻；导线流过电流时，周围会存在高频磁场，高频磁场会导致沿线各点串联电感分布；双导线间加上电压时，导线之间存在高频电场，于是线间会产生分布电容；由于导线周围介质是非理想绝缘的，存在漏电，导线之间处处会并联分布电导，导线为长线。由于分布电阻、分布电感、分布电容及分布电导这些分布参数的存在，传输线上电压、电流既随时间变化，又随空间位置变化，这就是分布参数效应。

对于同一传输线，当它工作在低频频段（视为短线）时，用集总参数分析就可以了；而当它工作在微波频段（视为长线）时，就需要用分布参数来分析，归根结底是因为工作频率的量变引起从集总参数到分布参数的质变，同一传输线由集总参数到分布参数的变化以及对应的等效模型如表2.1所示。

表 2.1　一段长度为 15 cm 的传输线由集总参数到分布参数的变化

工作频率 f	工作波长 λ	线长 $l=15$ cm，$l/\lambda=?$	线上电压、电流	传输线等效模型	属性
0 Hz	∞	$l/\lambda=0$，视为短线	恒定不变	导线	集总参数
50 Hz	6000 km	$l/\lambda\ll0.1$，视为短线	几乎不变		
100 MHz	3 m	$l/\lambda=0.05$，视为短线	有变化，但可以忽略		
1 GHz	30 cm	$l/\lambda=0.5$，视为长线	明显变化，为位置的函数	$R_0\mathrm{d}z$ $L_0\mathrm{d}z$ $G_0\mathrm{d}z$ $C_0\mathrm{d}z$ $\mathrm{d}z$	分布参数
10 GHz	3 cm	$l/\lambda=5$，视为长线	显著变化，为位置的函数		
100 GHz	3 mm	$l/\lambda=50$，视为长线	显著变化，为位置的函数		

一般情况下，均匀传输线（在其长度内，电气参数处处相同）的分布参数有四个：分布电阻、分布电感、分布电容及分布电导，分别定义如下。

（1）分布电阻 R_0（Ω/m），指单位长度上的电阻，取决于导线材料及导线的截面尺寸等。如果导线为理想导体，则 $R_0=0$。

（2）分布电感 L_0（$\mathrm{H/m}$），指单位长度上的自感，取决于导线截面尺寸、线间距及介质的磁导率等。

（3）分布电容 C_0（$\mathrm{F/m}$），指单位长度间的电容，取决于导线截面尺寸、线间距及介质的介电常数等。

（4）分布电导 G_0（S/m），指单位长度上并联的电导，取决于导线周围介质材料的介质损耗角。如果导线周围为理想介质，则 $G_0 = 0$。

 笔记

表 2.2 给出了两种常见传输线的分布参数计算公式。

表 2.2　两种常见传输线的分布参数计算公式

型　式	结　构	L_0（H/m）	C_0（F/m）	R_0（Ω/m）	G_0（S/m）
平行双线		$\dfrac{\mu}{\pi}\ln\left(\dfrac{2D}{d}\right)$	$\dfrac{\pi\varepsilon}{\ln\dfrac{2D}{d}}$	$\dfrac{2}{\pi d}\sqrt{\dfrac{\omega\mu_0}{\sigma_0}}$	$\dfrac{\pi\sigma}{\ln\dfrac{2D}{d}}$
同轴线		$\dfrac{\mu}{2\pi}\ln\dfrac{D}{d}$	$\dfrac{2\pi\varepsilon}{\ln\dfrac{D}{d}}$	$\dfrac{1}{\pi}\sqrt{\dfrac{\omega\mu_0}{2\sigma_0}}\left(\dfrac{1}{d}+\dfrac{1}{D}\right)$	$\dfrac{2\pi\sigma}{\ln\dfrac{D}{d}}$

表 2.2 中，μ，ε 分别为介质的磁导率和介电常数。

$$\mu = \mu_0 \mu_r \tag{2.1}$$

$$\varepsilon = \varepsilon_0 \varepsilon_r \tag{2.2}$$

式（2.1）～（2.2）中，μ_0，ε_0 分别为真空的介质的磁导率和介电常数，值分别为

$$\mu_0 = 4\pi \times 10^{-7}\,(\text{H/m}) \approx 1.257 \times 10^{-6}\,(\text{H/m}) \tag{2.3}$$

$$\varepsilon_0 = \frac{10^7}{4\pi \times 299\,792\,458^2}\,(\text{F/m}) \approx 8.854 \times 10^{-12}\,(\text{F/m}) \tag{2.4}$$

式（2.1）～（2.2）中，μ_r，ε_r 分别为介质的相对磁导率和相对介电常数。比如，印刷电路板（PCB）常用的 FR-4 环氧玻璃纤维板的相对磁导率约为 1，相对介电常数为 4～5。

无损耗传输线（无能量损耗的理想传输线）的分布电阻 R_0 和分布电导 G_0 均等于零。

分布参数概念建立后，任何均匀传输线都可以建立其等效电路，如图 2.2 所示，以双导线为模型，均匀传输线可以按长度划分为多个微分段 dz，每一个微分段都可以按照分布参数建立起其等效电路，那么传输线就可以由多个微分段对应的等效电路级联而成。

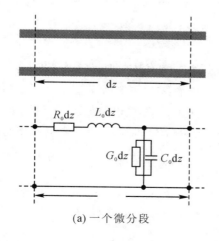

(a) 一个微分段

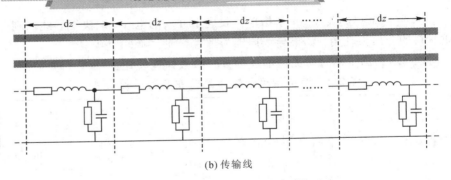

(b) 传输线

图 2.2　均匀传输线的等效电路模型

微波传输线的分布参数特性决定了它不仅是微波信号、能量的传输载体，还是构成各类微波元器件的主体。

2.3　传输线方程及其解

2.3.1　传输线方程

为了了解微波信号在传输线上的状态，需要建立传输线方程。传输线方程就是要确定传输线上电压和电流的变化规律及其相互关系。接有源端和负载的均匀传输线如图 2.3 所示。在微波频段，考虑一均匀传输线，源端为角频率为 ω 的信号源，终端接负载，坐标原点选在源端，距离源端 z 处的线上电压和电流分别为 $u(z, t)$ 和 $i(z, t)$。

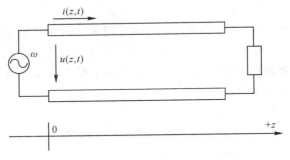

图 2.3　接有源端和负载的均匀传输线

根据表 2.1 中均匀传输线分布参数的等效电路，针对图 2.3 中的传输线，可以建立起上微分段 $\mathrm{d}z$ 的等效电路如图 2.4 所示，经过 $\mathrm{d}z$ 段后，线上电压和电流分别为 $u(z+\mathrm{d}z, t)$ 和 $i(z+\mathrm{d}z, t)$，应用基尔霍夫定律，可得

$$\begin{cases} u(z+\mathrm{d}z, t) - u(z, t) = -R_0\mathrm{d}z\, i(z, t) - L_0\mathrm{d}z\, \dfrac{\partial i(z, t)}{\partial t} \\[2mm] i(z+\mathrm{d}z, t) - i(z, t) = -G_0\mathrm{d}z\, u(z+\mathrm{d}z, t) - C_0\mathrm{d}z\, \dfrac{\partial u(z+\mathrm{d}z, t)}{\partial t} \end{cases}$$

$$(2.5)$$

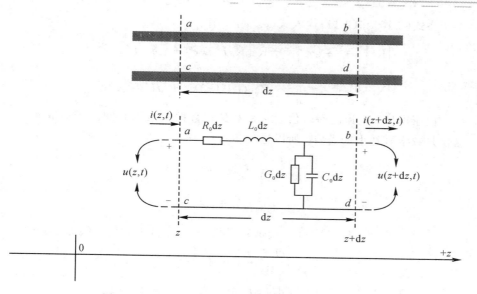

 笔记

图 2.4 均匀传输线微分段 dz 的等效电路分析模型

令 $u(z,t)$ 和 $i(z,t)$ 沿 z 的变化率分别为 $\dfrac{\partial u(z,t)}{\partial z}$ 和 $\dfrac{\partial i(z,t)}{\partial z}$，则有

$$u(z+\mathrm{d}z,t)-u(z,t)=\frac{\partial u(z,t)}{\partial z}\mathrm{d}z \tag{2.6}$$

$$i(z+\mathrm{d}z,t)-i(z,t)=\frac{\partial i(z,t)}{\partial z}\mathrm{d}z \tag{2.7}$$

把式（2.6）和式（2.7）代入式（2.5）中，等式两边同时除以 dz：

$$\begin{cases} \dfrac{\partial u(z,t)}{\partial z}=-R_0 i(z,t)-L_0\dfrac{\partial i(z,t)}{\partial t} \\[2mm] \dfrac{\partial i(z,t)}{\partial z}=-G_0 u(z+\mathrm{d}z,t)-C_0\dfrac{\partial u(z+\mathrm{d}z,t)}{\partial t} \end{cases} \tag{2.8}$$

在式（2.8）中，令 dz→0，则有

$$\begin{cases} \dfrac{\partial u(z,t)}{\partial z}=-R_0 i(z,t)-L_0\dfrac{\partial i(z,t)}{\partial t} \\[2mm] \dfrac{\partial i(z,t)}{\partial z}=-G_0 u(z,t)-C_0\dfrac{\partial u(z,t)}{\partial t} \end{cases} \tag{2.9}$$

式（2.9）即为传输线方程的一般形式，也称为电报方程。

对于角频率为 ω，随时间简谐变化的信号，其电压、电流的瞬时值与复数振幅 $U(z)$、$I(z)$（仅是 z 的函数）之间具有如下关系：

$$\begin{cases} u(z,t)=\mathrm{Re}[U(z)\mathrm{e}^{\mathrm{j}\omega t}] \\[2mm] i(z,t)=\mathrm{Re}[I(z)\mathrm{e}^{\mathrm{j}\omega t}] \end{cases} \tag{2.10}$$

将式（2.10）等号两边同时对 t 求导，可得：

$$\begin{cases} \dfrac{\partial u(z,t)}{\partial t}=\mathrm{Re}[\mathrm{j}\omega U(z)\mathrm{e}^{\mathrm{j}\omega t}] \\[2mm] \dfrac{\partial i(z,t)}{\partial t}=\mathrm{Re}[\mathrm{j}\omega I(z)\mathrm{e}^{\mathrm{j}\omega t}] \end{cases} \tag{2.11}$$

笔记

将式(2.10)和式(2.11)代入式(2.9)中,有:

$$
\begin{cases}
\mathrm{Re}\left[\dfrac{\mathrm{d}U(z)}{\mathrm{d}z}\mathrm{e}^{\mathrm{j}\omega t}\right]=-\mathrm{Re}\left[R_0 I(z)\mathrm{e}^{\mathrm{j}\omega t}+\mathrm{j}\omega L_0 I(z)\mathrm{e}^{\mathrm{j}\omega t}\right] \\
\mathrm{Re}\left[\dfrac{\mathrm{d}I(z)}{\mathrm{d}z}\mathrm{e}^{\mathrm{j}\omega t}\right]=-\mathrm{Re}\left[G_0 U(z)\mathrm{e}^{\mathrm{j}\omega t}+\mathrm{j}\omega C_0 U(z)\mathrm{e}^{\mathrm{j}\omega t}\right]
\end{cases}
\tag{2.12}
$$

由于电压、电流的瞬时值表达是对其复数振幅乘以时间因子后取实部,这仅是数学表达上的需要,所以进一步有:

$$
\begin{cases}
\dfrac{\mathrm{d}U(z)}{\mathrm{d}z}=-(R_0+\mathrm{j}\omega L_0)I(z) \\
\dfrac{\mathrm{d}I(z)}{\mathrm{d}z}=-(G_0+\mathrm{j}\omega C_0)U(z)
\end{cases}
\tag{2.13}
$$

令 $Z=R_0+\mathrm{j}\omega L_0$,$Y=G_0+\mathrm{j}\omega C_0$,得到时谐条件下的传输线方程:

$$
\begin{cases}
\dfrac{\mathrm{d}U(z)}{\mathrm{d}z}=-ZI(z) \\
\dfrac{\mathrm{d}I(z)}{\mathrm{d}z}=-YU(z)
\end{cases}
\tag{2.14}
$$

2.3.2　传输线方程的解

传输线方程给出了线上电压和线上电流的相互关系,为了确定线上电压 $U(z)$ 和电流 $I(z)$ 的具体形式,需要对传输线方程进行求解,将式(2.14)两边对 z 进行微分:

$$
\begin{cases}
\dfrac{\mathrm{d}^2 U(z)}{\mathrm{d}z^2}=-Z\dfrac{\mathrm{d}I(z)}{\mathrm{d}z} \\
\dfrac{\mathrm{d}^2 I(z)}{\mathrm{d}z^2}=-Y\dfrac{\mathrm{d}U(z)}{\mathrm{d}z}
\end{cases}
\tag{2.15}
$$

把式(2.14)代入式(2.15)中:

$$
\begin{cases}
\dfrac{\mathrm{d}^2 U(z)}{\mathrm{d}z^2}+ZYU(z)=0 \\
\dfrac{\mathrm{d}^2 I(z)}{\mathrm{d}z^2}+ZYI(z)=0
\end{cases}
\tag{2.16}
$$

由于式(2.16)是二阶常系数齐次微分方程,令 $\gamma^2=ZY$,则其通解为

$$
\begin{cases}
U(z)=A_1\mathrm{e}^{-\gamma z}+A_2\mathrm{e}^{\gamma z} \\
I(z)=B_1\mathrm{e}^{-\gamma z}+B_2\mathrm{e}^{\gamma z}
\end{cases}
\tag{2.17}
$$

式中,A_1,A_2,B_1,B_2 是常值,其值取决于传输线源端和终端的边界条件。

定义 γ 为传播常数,$\gamma=\sqrt{ZY}=\sqrt{(R_0+\mathrm{j}\omega L_0)(G_0+\mathrm{j}\omega C_0)}$。记 $\gamma=\alpha+\mathrm{j}\beta$,其中,$\alpha$ 为衰减常数,表示线上电压、电流振幅的衰减情况;β 为相移常数,表示线上电压、电流相位的滞后情况。

令 $Z_0=\sqrt{\dfrac{Z}{Y}}=\sqrt{\dfrac{(R_0+\mathrm{j}\omega L_0)}{(G_0+\mathrm{j}\omega C_0)}}$,把 Z_0 称为均匀传输线的特性阻抗,表示均匀传输线上任意一点处信号所受到的阻抗,在均匀传输线上任意一点

处，信号所受到的阻抗都是一样的。传输线的特性阻抗与传输线的材料、结构、介电常数等有关，而与传输线长度无关。根据阻抗的物理意义，传输线的特性阻抗定义为负载匹配时，线上电压和电流之比，负载匹配的概念在后文介绍。

 笔记

对于均匀无损耗传输线，有 $R_0 = 0$，$G_0 = 0$，则 $Z_0 = \sqrt{\dfrac{L_0}{C_0}}$，其特性阻抗为纯电阻，一般常见传输线的特性阻抗均为 50 Ω。同时，$\gamma = \mathrm{j}\omega\sqrt{L_0 C_0} = \mathrm{j}\beta$，衰减常数 α 为 0，这与无损耗的前提是相符的。以下如无特殊说明，传输线均指均匀无损耗传输线。

把式(2.17)第一式代入式(2.14)第一式中，整理可得：

$$I(z) = -\frac{1}{Z}\frac{\mathrm{d}U(z)}{\mathrm{d}z} = \frac{\gamma}{Z}(A_1 e^{-\gamma z} - A_2 e^{\gamma z}) = \frac{1}{Z_0}(A_1 e^{-\gamma z} - A_2 e^{\gamma z}) \quad (2.18)$$

于是传输线方程的通解可以简化为

$$\begin{cases} U(z) = A_1 e^{-\gamma z} + A_2 e^{\gamma z} \\ I(z) = \dfrac{1}{Z_0}(A_1 e^{-\gamma z} - A_2 e^{\gamma z}) \end{cases} \quad (2.19)$$

从传输线方程的通解可以看出，线上电压和电流的复数振幅都是位置的函数，均由两部分组成，并且和边界条件有关。

把式(2.19)第一式代入到式(2.10)第一式中，整理可得到线上电压复数值与瞬时值的关系：

$$\begin{aligned} u(z, t) &= \mathrm{Re}[U(z)e^{\mathrm{j}\omega t}] = \mathrm{Re}[(A_1 e^{-\gamma z} + A_2 e^{\gamma z})e^{\mathrm{j}\omega t}] \\ &= A_1 e^{-\alpha z}\cos(\omega t - \beta z) + A_2 e^{\alpha z}\cos(\omega t + \beta z) \\ &= u_i(z, t) + u_r(z, t) \end{aligned} \quad (2.20)$$

式(2.20)中，第一项 $A_1 e^{-\alpha z}\cos(\omega t - \beta z)$ 中，$e^{-\alpha z}$ 表示振幅随着 z 的增加而减小，$\cos(\omega t - \beta z)$ 表示相位随着 z 的增加而滞后，即第一项表示由源端向负载方向正向传播的衰减波，称为电压的入射波；式中第二项 $A_2 e^{\alpha z}\cos(\omega t + \beta z)$ 中，$e^{\alpha z}$ 表示振幅随着 z 的减小而减小，$\cos(\omega t + \beta z)$ 表示相位随着 z 的减小而滞后，即第二项表示由负载向源端方向反向传播的衰减波，称为电压的反射波。传输线上的入射波和反射波如图 2.5 所示。

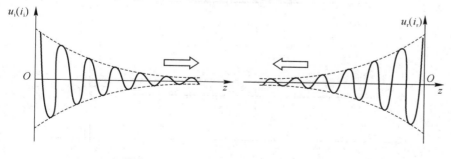

(a) 入射波　　　　　　　　　(b) 反射波

图 2.5　传输线上的入射波和反射波

笔记 ✍

类似地，线上电流也有同上的分析。即在一般情况下，线上任意一点处的电压都等于电压入射波和电压反射波的叠加，线上任意一点处的电流都等于电流入射波和电流反射波的叠加。

$$\begin{cases} u(z,t)=u_{\mathrm{i}}(z,t)+u_{\mathrm{r}}(z,t) \\ i(z,t)=i_{\mathrm{i}}(z,t)+i_{\mathrm{r}}(z,t) \end{cases} \tag{2.21}$$

式中，下标 i 表示该项为入射波，下标 r 表示该项为反射波。

同样有：

$$\begin{cases} U(z)=U_{\mathrm{i}}(z)+U_{\mathrm{r}}(z) \\ I(z)=I_{\mathrm{i}}(z)+I_{\mathrm{r}}(z) \end{cases} \tag{2.22}$$

2.4　传输线参量

传输线参量有两类，一类是传输线的特性参量，这些参量与传输线的结构和材料有关，比如前文介绍的特性阻抗、传播常数等；另一类是传输线的分布参量，分布参量不仅与特性参量有关，还与终端负载、线上位置等有关，主要有输入阻抗、反射系数以及驻波比等。本节主要介绍分布参量。

2.4.1　输入阻抗

输入阻抗即等效阻抗，如图 2.6 所示。传输线终端接负载阻抗时，坐标原点选在终端，距离终端 z 处向负载方向看去的输入阻抗 $Z_{\mathrm{in}}(z)$ 定义为该处电压和电流之比。

$$Z_{\mathrm{in}}(z)=\frac{U(z)}{I(z)} \tag{2.23}$$

利用边界条件，可以求出传输线上距离负载 l 处电压和电流的表达式，进而求出输入阻抗的具体表达式。

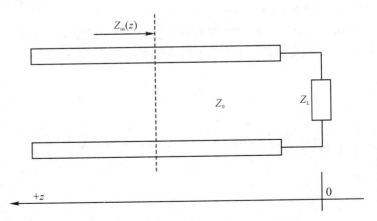

图 2.6　接有负载传输线的输入阻抗

图 2.6 中，当把坐标原点选在终端时，并且在 $+z$ 方向指向源端时，重

新建立传输线方程并求解，可以将式(2.19)改写为

笔记

$$\begin{cases} U(z) = A_1 \mathrm{e}^{\gamma z} + A_2 \mathrm{e}^{-\gamma z} \\ I(z) = \dfrac{1}{Z_0}(A_1 \mathrm{e}^{\gamma z} - A_2 \mathrm{e}^{-\gamma z}) \end{cases} \tag{2.24}$$

注意，这里以负载为对象，$A_1 \mathrm{e}^{\gamma z}$ 为入射波，$A_2 \mathrm{e}^{-\gamma z}$ 为反射波。

在终端，将 $z=0$，$U(0)=U_L$，$I(0)=I_L$ 代入到式(2.24)中：

$$\begin{cases} U_L = A_1 + A_2 \\ I_L = \dfrac{1}{Z_0}(A_1 - A_2) \end{cases} \tag{2.25}$$

进一步可得：

$$\begin{cases} A_1 = \dfrac{1}{2}(U_L + Z_0 I_L) \\ A_2 = \dfrac{1}{2}(U_L - Z_0 I_L) \end{cases} \tag{2.26}$$

将式(2.26)代入式(2.24)中，得到：

$$\begin{cases} U(z) = \dfrac{1}{2}(U_L + Z_0 I_L)\mathrm{e}^{\gamma z} + \dfrac{1}{2}(U_L - Z_0 I_L)\mathrm{e}^{-\gamma z} \\ I(z) = \dfrac{1}{2Z_0}(U_L + Z_0 I_L)\mathrm{e}^{\gamma z} - \dfrac{1}{2Z_0}(U_L - Z_0 I_L)\mathrm{e}^{-\gamma z} \end{cases} \tag{2.27}$$

整理可得：

$$\begin{cases} U(z) = U_L \dfrac{\mathrm{e}^{\gamma z} + \mathrm{e}^{-\gamma z}}{2} + I_L Z_0 \dfrac{\mathrm{e}^{\gamma z} - \mathrm{e}^{-\gamma z}}{2} \\ I(z) = \dfrac{U_L}{Z_0} \dfrac{\mathrm{e}^{\gamma z} - \mathrm{e}^{-\gamma z}}{2} + I_L \dfrac{\mathrm{e}^{\gamma z} + \mathrm{e}^{-\gamma z}}{2} \end{cases} \tag{2.28}$$

由于双曲余弦函数 $\cosh x = \dfrac{\mathrm{e}^x + \mathrm{e}^{-x}}{2}$，双曲正弦函数 $\sinh x = \dfrac{\mathrm{e}^x - \mathrm{e}^{-x}}{2}$，所以式(2.28)可以简化为

$$\begin{cases} U(z) = U_L \cosh\gamma z + I_L Z_0 \sinh\gamma z \\ I(z) = \dfrac{U_L}{Z_0}\sinh\gamma z + I_L \cosh\gamma z \end{cases} \tag{2.29}$$

将式(2.29)代入式(2.23)，由于 $U_L = Z_L I_L$，所以传输线上距离负载 l 处的输入阻抗为

$$Z_{\text{in}}(l) = \frac{U(l)}{I(l)} = \frac{U_L \cosh\gamma l + I_L Z_0 \sinh\gamma l}{\dfrac{U_L}{Z_0}\sinh\gamma l + I_L \cosh\gamma l} = Z_0 \frac{Z_L + Z_0 \tanh\gamma l}{Z_0 + Z_L \tanh\gamma l} \tag{2.30}$$

对于均匀无损耗传输线，$\gamma = \mathrm{j}\beta$，式(2.30)可以简化为

$$Z_{\text{in}}(l) = Z_0 \frac{Z_L + \mathrm{j}Z_0 \tan\beta l}{Z_0 + \mathrm{j}Z_L \tan\beta l} \tag{2.31}$$

从式(2.31)可以看出，无损耗传输线的输入阻抗随位置变化，且与特性阻抗、负载阻抗有关。传输线上某点处的向负载方向看过去的一段传输线和负载的作用，可以用该点处的输入阻抗来等效，如图 2.7 所示。

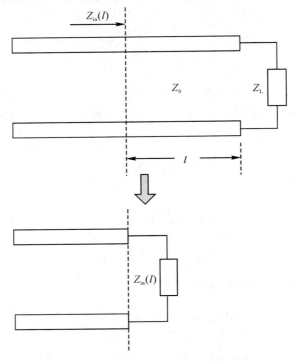

图 2.7　传输线上输入阻抗的等效含义

由于同一时刻相位相差 2π 的两点之间的距离为波长 λ，于是有：

$$(\omega t - \beta z) - 2\pi = \omega t - \beta(z + \lambda) \tag{2.32}$$

波长 λ 与相移常数 β 具有如下关系：

$$\lambda = \frac{2\pi}{\beta} \tag{2.33}$$

根据式（2.31）和（2.33）可知，对于一定长度的均匀无损耗传输线，其上输入阻抗具有周期性。即 $\lambda/4$ 长度具有阻抗变换特性，$\lambda/2$ 长度具有阻抗还原特性，具体特性如表 2.3 所示。

表 2.3　均匀无损耗传输线输入阻抗的周期性

计算公式	线长	具体计算公式	负载阻抗	输入阻抗	作用
$Z_{in}(l) = Z_0 \dfrac{Z_L + jZ_0 \tan\beta l}{Z_0 + jZ_L \tan\beta l}$	$l = \dfrac{\lambda}{4}$	$Z_{in} = \dfrac{Z_0^2}{Z_L}$	$Z_L = 0$	$Z_{in} = \infty$	短路变开路
			$Z_L = \infty$	$Z_{in} = 0$	开路变短路
			$Z_L = R$	$Z_{in} = \dfrac{Z_0^2}{R}$	电阻变换
			$Z_L = jX$	$Z_{in} = -j\dfrac{Z_0^2}{X}$	电容变电感 电感变电容
	$l = \dfrac{\lambda}{2}$	$Z_{in} = Z_L$	$Z_L = Z_L'$	$Z_{in} = Z_L'$	阻抗还原

在微波频段，由于线上电压 $U(z)$ 和 $I(z)$ 缺乏明确的物理意义，因此无法直接测量，所以输入阻抗 $Z_{in}(z)$ 也不能直接测量，但线上电压入射波和反射波的比值可以测量，由此引入了反射系数参量。

2.4.2　反射系数

反射系数用来表征传输线上波的反射特性，如图 2.8 所示，考虑均匀无损耗传输线终端接负载，坐标原点选在终端，距离终端 z 处的电压反射系数 $\Gamma(z)$ 定义为该处电压反射波与电压入射波之比（也可以定义电流反射系数为该处电流反射波与电流入射波之比，以下所涉及的反射系数都是以电压定义的）。

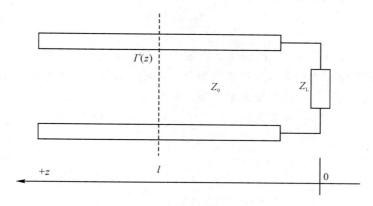

图 2.8　接有负载传输线的反射系数

$$\Gamma(z) = \frac{U_r(z)}{U_i(z)} \tag{2.34}$$

由于

$$U(z) = U_i(z) + U_r(z) = A_1 e^{j\beta z} + A_2 e^{-j\beta z} \tag{2.35}$$

因此

$$\Gamma(z) = \frac{U_r(z)}{U_i(z)} = \frac{A_2}{A_1} e^{-j2\beta z} \tag{2.36}$$

把式(2.26)代入式(2.36)中，有：

$$\Gamma(z) = \frac{U_r(z)}{U_i(z)} = \frac{U_L - Z_0 I_L}{U_L + Z_0 I_L} e^{-j2\beta z} = \frac{Z_L - Z_0}{Z_L + Z_0} e^{-j2\beta z} \tag{2.37}$$

在终端负载处，将 $z = 0$ 代入式(2.37)中，可以得到传输线终端反射系数：

$$\Gamma_L = \Gamma(0) = \frac{Z_L - Z_0}{Z_L + Z_0} = |\Gamma_L| e^{j\varphi_L} \tag{2.38}$$

于是式(2.37)可以写为

$$\Gamma(z) = \Gamma_L e^{-j2\beta z} = |\Gamma_L| e^{-j(2\beta z - \varphi_L)} \tag{2.39}$$

因此，传输线上距离负载 l 处的反射系数为

$$\Gamma(l) = \Gamma_L e^{-j2\beta l} = |\Gamma_L| e^{-j(2\beta l - \varphi_L)} \tag{2.40}$$

笔记

可见，传输线上任意一点处的反射系数均为复数，且模值都相等，都等于终端反射系数的模值，相比终端反射系数，只是相位滞后 $2\beta l$。在终端为无源负载的情况下，$0 \leqslant |\Gamma(z)| \leqslant 1$，在工程中，经常用回波损耗（Return Loss）来反映反射特性，回波损耗 RL 定义为

$$RL = -20\lg(|\Gamma|)\text{dB} \tag{2.41}$$

2.4.3 驻波比

尽管反射系数可以测量，但其是复数，涉及到相位，测量不方便。为此，引入一个即能反映反射特性且更容易直接测量的标量——驻波比。

定义传输线上的驻波比 ρ 为线上电压振幅的最大值和最小值之比。

$$\rho = \frac{|U(z)|_{\max}}{|U(z)|_{\min}} \tag{2.42}$$

由 2.3 节分析可知，传输线上任意一点的电压都是电压入射波和反射波的叠加。当电压入射波和反射波同相位时，电压出现最大值；当电压入射波和反射波反相位时，电压出现最小值，即

$$\begin{cases} |U(z)|_{\max} = |U_i(z)| + |U_r(z)| \\ |U(z)|_{\min} = |U_i(z)| - |U_r(z)| \end{cases} \tag{2.43}$$

把式（2.43）代入式（2.42）中，有

$$\rho = \frac{|U(z)|_{\max}}{|U(z)|_{\min}} = \frac{|U_i(z)| + |U_r(z)|}{|U_i(z)| - |U_r(z)|} = \frac{1 + \dfrac{|U_r(z)|}{|U_i(z)|}}{1 - \dfrac{|U_r(z)|}{|U_i(z)|}} = \frac{1 + |\Gamma(z)|}{1 - |\Gamma(z)|} \tag{2.44}$$

进一步，可得：

$$\rho = \frac{1 + |\Gamma(z)|}{1 - |\Gamma(z)|} = \frac{1 + |\Gamma_L|}{1 - |\Gamma_L|} \tag{2.45}$$

由于 $0 \leqslant |\Gamma(z)| \leqslant 1$，所以 $\rho \geqslant 1$。

驻波比也称为驻波系数，用 VSWR（Voltage Standing Wave Ratio）来表示，有时也用行波系数 K 来表示反射的大小，定义 $K = 1/\rho$。

在工程中，经常用驻波比来衡量一个微波元件的性能。比如，当天线的驻波比等于 1 时，表示馈线和天线的阻抗完全匹配，此时能量全部被天线辐射出去；驻波比为无穷大时，表示全反射，能量完全没有辐射出去。

2.4.4 传输功率

传输线上任意一点的传输功率为该点处的实功率。

根据反射系数的定义有：

$$U_r(z) = \Gamma(z)U_i(z) \tag{2.46}$$

所以均匀无损耗传输线上任意一点的电压、电流可以写成如下形式：

$$\begin{cases} U(z)=U_{\mathrm{i}}(z)+U_{\mathrm{r}}(z)=U_{\mathrm{i}}(z)[1+\Gamma(z)] \\ I(z)=I_{\mathrm{i}}(z)+I_{\mathrm{r}}(z)=I_{\mathrm{i}}(z)[1-\Gamma(z)] \end{cases} \quad (2.47)$$

✍ 笔记

于是可得传输功率为

$$P(z)=\frac{1}{2}\mathrm{Re}[U(z)I^*(z)]=\frac{1}{2}\mathrm{Re}\{U_{\mathrm{i}}(z)[1+\Gamma(z)]I_{\mathrm{i}}^*(z)[1-\Gamma^*(z)]\}$$

$$(2.48)$$

由于 $I_{\mathrm{i}}^*(z)=U_{\mathrm{i}}^*(z)/Z_0^*$，所以有：

$$\begin{aligned} P(z) &=\frac{1}{2}\mathrm{Re}\left\{\frac{|U_{\mathrm{i}}(z)|^2}{Z_0^*}[1-|\Gamma(z)|^2+\Gamma(z)-\Gamma^*(z)]\right\} \\ &=\frac{|U_{\mathrm{i}}(z)|^2}{2Z_0}[1-|\Gamma(z)|^2] \\ &=P_{\mathrm{i}}(z)-P_{\mathrm{r}}(z) \end{aligned} \quad (2.49)$$

式(2.49)中，$P_{\mathrm{i}}(z)$ 和 $P_{\mathrm{r}}(z)$ 分别为 z 点处入射波功率和反射波功率，可以看出，线上任意一点处的传输功率等于该点的入射波功率减去反射波功率，且均匀无损耗传输线上，任意一点的传输功率都相等。

2.4.5 输入阻抗与反射系数的关系

根据定义推导出输入阻抗与反射系数之间的关系如下：

$$Z_{\mathrm{in}}(z)=\frac{U(z)}{I(z)}=\frac{U_{\mathrm{i}}(z)[1+\Gamma(z)]}{I_{\mathrm{i}}(z)[1-\Gamma(z)]}=Z_0\frac{1+\Gamma(z)}{1-\Gamma(z)} \quad (2.50)$$

式中，$U_{\mathrm{i}}(z)/I_{\mathrm{i}}(z)=Z_0$，根据特性阻抗定义，$Z_0$ 是负载匹配时(无反射)线上电压和电流之比，即入射波电压 $A_1\mathrm{e}^{\gamma z}$ 与入射波电流 $\dfrac{1}{Z_0}A_1\mathrm{e}^{\gamma z}$ 之比。

整理式(2.50)，可得：

$$\Gamma(z)=\frac{Z_{\mathrm{in}}(z)-Z_0}{Z_{\mathrm{in}}(z)+Z_0} \quad (2.51)$$

即输入阻抗与反射系数之间的相互关系为

$$\begin{cases} Z_{\mathrm{in}}(z)=Z_0\dfrac{1+\Gamma(z)}{1-\Gamma(z)} \\[2mm] \Gamma(z)=\dfrac{Z_{\mathrm{in}}(z)-Z_0}{Z_{\mathrm{in}}(z)+Z_0} \end{cases} \quad (2.52)$$

特别地，当 $z=0$ 时，在终端负载处有

$$\Gamma(0)=\frac{Z_{\mathrm{in}}(0)-Z_0}{Z_{\mathrm{in}}(0)+Z_0}=\frac{Z_{\mathrm{L}}-Z_0}{Z_{\mathrm{L}}+Z_0}=\Gamma_{\mathrm{L}} \quad (2.53)$$

由式(2.53)可得：

$$Z_{\mathrm{L}}=Z_0\frac{1+\Gamma_{\mathrm{L}}}{1-\Gamma_{\mathrm{L}}} \quad (2.54)$$

即

$$\begin{cases} \Gamma_{\mathrm{L}}=\dfrac{Z_{\mathrm{L}}-Z_0}{Z_{\mathrm{L}}+Z_0} \\[2mm] Z_{\mathrm{L}}=Z_0\dfrac{1+\Gamma_{\mathrm{L}}}{1-\Gamma_{\mathrm{L}}} \end{cases} \quad (2.55)$$

例 2.1 已知一无损耗传输线的特性阻抗 $Z_0 = 50\ \Omega$，线长 $l = 1.5$ cm，工作频率 $f = 2.5$ GHz，负载阻抗 $Z_L = 50 + j50(\Omega)$。求：（1）输入阻抗；（2）终端反射系数；（3）驻波比。（4）如果线长变为 $l = 3$ cm，工作频率不变，重新计算输入阻抗，终端反射系数和驻波比。

解 首先，已知传输线的长度和工作频率，可以把线长换算为波长的表示形式：

$$\lambda = \frac{c}{f} = \frac{3 \times 10^8}{2.5 \times 10^9} = 0.12\ (\text{m})$$

$$l = \frac{0.015}{0.12}\lambda = 0.125\lambda$$

（1）把 $Z_0 = 50\ \Omega$，$Z_L = (50 + j50)\Omega$，$l = 0.125\lambda$ 代入输入阻抗的计算公式，有：

$$Z_{in}(l) = Z_0 \frac{Z_L + jZ_0 \tan\beta l}{Z_0 + jZ_L \tan\beta l} = 100 - j50\ (\Omega)$$

（2）根据终端反射系数计算公式，有：

$$\Gamma_L = \frac{Z_L - Z_0}{Z_L + Z_0} = \frac{50 + j50 - 50}{50 + j50 + 50} = \frac{1 + 2j}{5}$$

（3）根据驻波比和终端反射系数关系，有：

$$\rho = \frac{1 + |\Gamma_L|}{1 - |\Gamma_L|} = \frac{1 + \frac{\sqrt{5}}{5}}{1 - \frac{\sqrt{5}}{5}} = \frac{3 + \sqrt{5}}{2}$$

（4）当线长变为 $l = 3$ cm 时，把线长换算为波长的表示形式，有

$$l = \frac{0.03}{0.12}\lambda = 0.25\lambda$$

即此时线长为四分之一波长，根据 $\lambda/4$ 长度传输线的阻抗变换特性，把 $Z_0 = 50\ \Omega$，$Z_L = 50 + j50(\Omega)$ 代入到输入阻抗计算公式：

$$Z_{in} = \frac{Z_0^2}{Z_L} = 25 - j25\ (\Omega)$$

由于线长的变化不影响终端反射系数，因此此时终端反射系数和驻波比不变。

2.5 均匀无损耗传输线的工作状态

传输线的工作状态是指传输线终端接不同负载时，线上电压、电流所呈现的三种工作状态：行波，驻波，行驻波。在这三种工作状态下，线上输入阻抗、反射系数等参量也具有不同的变化规律。均匀无损耗传输线三种工作状态对应负载情况如表 2.4 所示。

表 2.4　均匀无损耗传输线三种工作状态对应负载情况

 笔记

工作状态	负载情况
行波	$Z_L = Z_0$
驻波	$Z_L = 0$
	$Z_L = \infty$
	$Z_L = \pm jX_L$
行驻波	除以上四种情况下的任意负载

2.5.1　行波状态

当均匀无损耗传输线的终端负载阻抗 Z_L 等于传输线特性阻抗 Z_0，或者传输线无限长时，传输线工作在行波状态，如图 2.9 所示，此时线上反射系数为

$$\Gamma(z) = \frac{Z_L - Z_0}{Z_L + Z_0} \mathrm{e}^{-\mathrm{j}2\beta z} = 0 \tag{2.56}$$

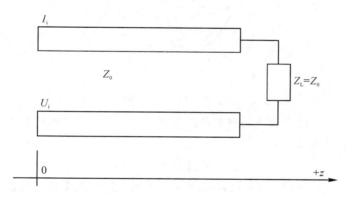

图 2.9　传输线终端负载阻抗等于特性阻抗

反射系数为 0 意味着线上仅有入射波而无反射波。为了直观分析线上的电压和电流，把坐标原点选在源端(仅在分析行波状态时)，线上电压和电流的复数振幅如式(2.57)所示。

$$\begin{cases} U(z) = A_1 \mathrm{e}^{-\mathrm{j}\beta z} \\ I(z) = \dfrac{A_1 \mathrm{e}^{-\mathrm{j}\beta z}}{Z_0} \end{cases} \tag{2.57}$$

根据源端($z=0$)边界条件结合式(2.57)中第一式，可以确定此时 $A_1 = U_i = |U_i| \mathrm{e}^{\mathrm{j}\varphi_i}$。

由此可以得到线上电压和电流的瞬时表达式：

$$\begin{cases} u(z,t) = \mathrm{Re}[U(z)\mathrm{e}^{\mathrm{j}\omega t}] = |U_i| \cos(\omega t + \varphi_i - \beta z) \\ i(z,t) = \mathrm{Re}[I(z)\mathrm{e}^{\mathrm{j}\omega t}] = \dfrac{|U_i| \cos(\omega t + \varphi_i - \beta z)}{Z_0} \end{cases} \tag{2.58}$$

根据式(2.58)可以画出行波状态下线上电压和电流的振幅和瞬时分布，如图 2.10 所示。

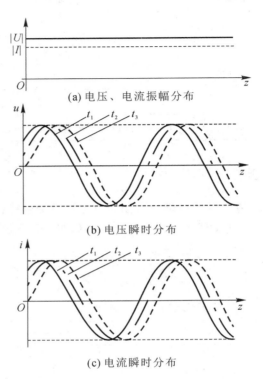

(a) 电压、电流振幅分布

(b) 电压瞬时分布

(c) 电流瞬时分布

图 2.10   行波状态下线上电压和电流分布情况

把 $Z_L = Z_0$ 代入输入阻抗的求解公式(2.31)中，可得此时线上任意一点处的输入阻抗为

$$Z_{in}(z) = Z_0 \tag{2.59}$$

由式(2.58)和式(2.59)可以得到均匀无损耗传输线工作在行波状态下的特点：

(1) 线上电压和电流的振幅恒定不变，电压和电流同相位。

(2) 传输线不消耗能量，入射波全部被负载吸收，传输效率最高。

(3) 线上任意一点处的输入阻抗均等于传输线的特性阻抗。

2.5.2   驻波状态

当均匀无损耗传输线的终端负载阻抗 Z_L 等于 0，∞ 或者为纯电抗时，传输线工作在驻波状态。下面根据终端负载阻抗的值分三种情况来讨论，即终端短路($Z_L = 0$)，终端开路($Z_L = \infty$)和终端接纯电抗负载($Z_L = \pm jX_L$)。

1. 终端短路($Z_L = 0$)

传输线终端负载阻抗 $Z_L = 0$ 时，传输线终端短路，如图 2.11 所示，此时线上反射系数为

$$\Gamma(z)=\frac{Z_{\mathrm{L}}-Z_0}{Z_{\mathrm{L}}+Z_0}\mathrm{e}^{-\mathrm{j}2\beta z}=-\mathrm{e}^{-\mathrm{j}2\beta z} \tag{2.60}$$

✎ 笔记

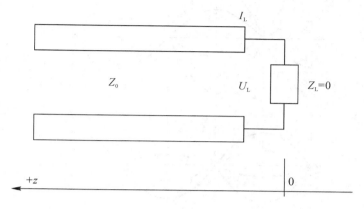

图 2.11　传输线终端负载阻抗为 0

继续使用坐标原点选在终端，并且 $+z$ 方向指向源端时的坐标系，线上电压、电流的复数振幅如式(2.61)所示。

$$\begin{cases} U(z)=A_1\mathrm{e}^{\mathrm{j}\beta z}[1+\Gamma(z)]=\mathrm{j}2A_1\sin\beta z \\ I(z)=\dfrac{A_1\mathrm{e}^{\mathrm{j}\beta z}}{Z_0}[1-\Gamma(z)]=\dfrac{2A_1\cos\beta z}{Z_0} \end{cases} \tag{2.61}$$

根据终端($z=0$)边界条件结合式(2.61)中第二式，可以确定此时 $A_1=\dfrac{Z_0 I_{\mathrm{L}}}{2}=\dfrac{Z_0}{2}\left|I_{\mathrm{L}}\right|\mathrm{e}^{\mathrm{j}\varphi_{\mathrm{L}}}$。

由此可以得到线上电压和电流的瞬时表达式：

$$\begin{cases} u(z,t)=\mathrm{Re}[U(z)\mathrm{e}^{\mathrm{j}\omega t}]=Z_0\left|I_{\mathrm{L}}\right|\sin\beta z\cos\left(\omega t+\varphi_{\mathrm{L}}+\dfrac{\pi}{2}\right) \\ i(z,t)=\mathrm{Re}[I(z)\mathrm{e}^{\mathrm{j}\omega t}]=\left|I_{\mathrm{L}}\right|\cos\beta z\cos(\omega t+\varphi_{\mathrm{L}}) \end{cases} \tag{2.62}$$

把 $Z_{\mathrm{L}}=0$ 代入到输入阻抗的求解公式(2.31)中，可得此时线上任意一点处的输入阻抗为

$$Z_{\mathrm{in}}(z)=\mathrm{j}Z_0\tan\beta z \tag{2.63}$$

由式(2.62)和式(2.63)可以得到，均匀无损耗传输线终端短路时，即工作在驻波状态下的特点：

(1) 电压与电流之间在空间和时间上相位都差 $\pi/2$。

(2) 线上是驻波状态。以电压为例，电压瞬时值随坐标 z 变化规律由 $\sin\beta z$ 决定，随时间 t 变化规律由 $\cos\left(\omega t+\varphi_{\mathrm{L}}+\dfrac{\pi}{2}\right)$ 决定，也就是说，线上电压的分布规律与时间无关，当坐标 z 确定，该位置电压仅振幅随着时间 t 变化，线上电压并不以波的形式沿线传播，因此称之为驻波。如图 2.12 所示为终端短路传输线(驻波状态下)的线上电压和电流分布情况。

笔记

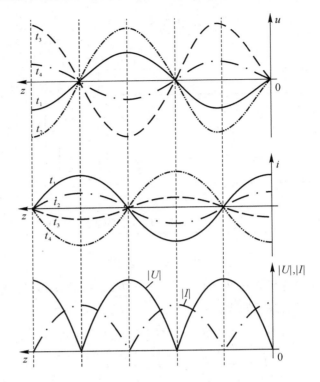

图 2.12　终端短路传输线（驻波状态下）线上电压和电流分布情况

（3）从另外一个角度看，电压瞬时值随坐标 z 变化规律由 $\sin\beta z$ 决定，当 $\sin\beta z=0$，$z=\dfrac{n\lambda}{2}$（$n=0$，1，2，$\cdots$）时，这些位置处的线上电压均为 0，称为电压波节点（最小值点）。当 $\sin\beta z=1$，$z=\dfrac{(2n+1)\lambda}{4}$（$n=0$，$1$，$2$，$\cdots$）时，这些位置处的线上电压具有最大值，称为电压波腹点（最大值点）。特别是，终端 $z=0$ 处是电压的波节点，相邻的电压波节点与电压波腹点距离 $\lambda/4$。

（4）由于电压和电流在位置上相位差 $\pi/2$，所以电压波节点处即为电流波腹点，电压波腹点处即为电流波节点。

（5）线上任意一点处的输入阻抗为纯电抗，且呈现周期性变化规律。根据式（2.63），当 $0<z<\lambda/4$，$Z_{in}(z)>0$ 时，输入阻抗呈现为感性，等效为电感；当 $z=\lambda/4$，$Z_{in}(z)=\infty$，相当于是并联谐振；当 $\lambda/4<z<\lambda/2$，$Z_{in}(z)<0$，输入阻抗呈现为容性，等效为电容；当 $z=\lambda/2$ 时，$Z_{in}(0)=0$，相当于是串联谐振；按位置坐标 z 继续推算输入阻抗，可以得到，每经过 $\lambda/2$，阻抗分布情况重复一次，如图 2.13 所示。

2. 终端开路（$Z_L=\infty$）

传输线终端开路，即 $Z_L=\infty$，如图 2.14 所示，此时线上反射系数为

$$\Gamma(z)=\frac{Z_L-Z_0}{Z_L+Z_0}e^{-j2\beta z}=e^{-j2\beta z} \tag{2.64}$$

笔记

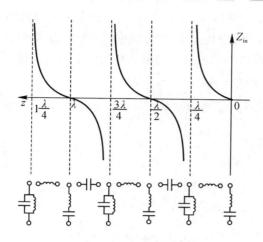

图 2.13　终端短路传输线输入阻抗分布情况

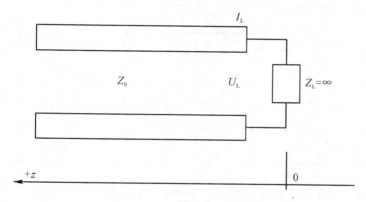

图 2.14　传输线终端负载阻抗为无穷大

继续使用坐标原点选在终端，并且 $+z$ 方向指向源端时的坐标系，线上电压、电流的复数振幅如式（2.65）所示。

$$\begin{cases} U(z)=A_1\mathrm{e}^{\mathrm{j}\beta z}\left[1+\Gamma(z)\right]=2A_1\cos\beta z \\ I(z)=\dfrac{A_1\mathrm{e}^{\mathrm{j}\beta z}}{Z_0}\left[1-\Gamma(z)\right]=\dfrac{\mathrm{j}2A_1\sin\beta z}{Z_0} \end{cases} \tag{2.65}$$

根据终端（$z=0$）边界条件结合式（2.65）中第一式，可以确定此时 $A_1=\dfrac{U_L}{2}=\dfrac{|U_L|\,\mathrm{e}^{\mathrm{j}\varphi_L}}{2}$。由此可以得到线上电压和电流的瞬时表达式：

$$\begin{cases} u(z,\,t)=\mathrm{Re}\left[U(z)\mathrm{e}^{\mathrm{j}\omega t}\right]=|U_L|\cos\beta z\cos(\omega t+\varphi_L) \\ i(z,\,t)=\mathrm{Re}\left[I(z)\mathrm{e}^{\mathrm{j}\omega t}\right]=\dfrac{|U_L|}{Z_0}\sin\beta z\cos\left(\omega t+\varphi_L+\dfrac{\pi}{2}\right) \end{cases} \tag{2.66}$$

把 $Z_L=\infty$ 代入到输入阻抗的求解公式（2.31）中，可得此时线上任意一点处的输入阻抗为

$$Z_{\mathrm{in}}(z)=-\mathrm{j}Z_0\cot\beta z \tag{2.67}$$

由式（2.66）和式（2.67）同样可以得到均匀无损耗传输线终端开路时工作

状态的特点，与终端短路线一样，线上电压和电流呈现驻波状态，不能传输能量。线上任意一点处的输入阻抗为纯电抗，且呈现周期性变化规律。合适长度的终端开路或者短路线可以等效为电感、电容或者谐振。

3. 终端接纯电抗负载（$Z_L = \pm jX_L$）

传输线终端接纯电抗负载，$Z_L = \pm jX_L$，如图 2.15 所示，此时线上反射系数为

$$\Gamma(z) = \frac{Z_L - Z_0}{Z_L + Z_0} e^{-j2\beta z} = \frac{\pm jX_L - Z_0}{\pm jX_L + Z_0} e^{-j2\beta z} = |\Gamma_L| e^{-j(2\beta z - \varphi_L)} \quad (2.68)$$

式中，$|\Gamma_L|$，φ_L 如式（2.69）所示。

$$\begin{cases} |\Gamma_L| = 1 \\ \varphi_L = \arctan \dfrac{\pm 2Z_0 X_L}{X_L^2 - Z_0^2} \end{cases} \quad (2.69)$$

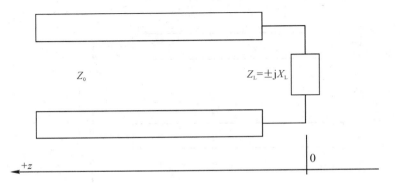

图 2.15　传输线终端负载阻抗为纯电抗

可以看出，接纯电抗负载时线上反射系数模值为 1，处于全反射，传输线工作于驻波状态。与终端开路及终端短路不同之处在于，终端负载处既不是波腹点也不是波节点，这是因为终端接纯电抗负载时，终端反射系数相位 $\varphi_L \neq \pm \pi$，且 $\varphi_L \neq 0$，致使电压、电流在负载处形成不了最大值或最小值。

2.5.3　行驻波状态

传输线终端接除匹配、短路、开路、纯电抗外的任意负载，即传输线终端负载阻抗为任意阻抗，如图 2.16 所示，即 $Z_L = R_L \pm jX_L$，此时线上反射系数为

$$\Gamma(z) = \frac{Z_L - Z_0}{Z_L + Z_0} e^{-j2\beta z} = \frac{R_L \pm jX_L - Z_0}{R_L \pm jX_L + Z_0} e^{-j2\beta z} = |\Gamma_L| e^{-j(2\beta z - \varphi_L)} \quad (2.70)$$

式中，$|\Gamma_L|$，φ_L 如式（2.71）所示。

$$\begin{cases} |\Gamma_L| = \sqrt{\dfrac{(R_L - Z_0)^2 + X_L^2}{(R_L + Z_0)^2 + X_L^2}} \\ \varphi_L = \arctan \dfrac{\pm 2Z_0 X_L}{R_L^2 + X_L^2 - Z_0^2} \end{cases} \quad (2.71)$$

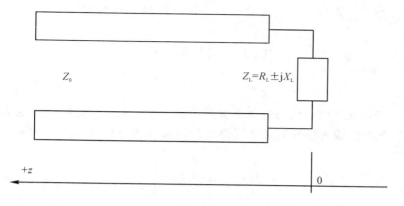

图 2.16 传输线终端负载阻抗为任意阻抗

可以看出，$|\Gamma_L|<1$，表明终端接任意负载时线上反射系数模值小于 1，处于部分反射状态，传输线工作于行波和驻波混合状态，线上既有行波，也有驻波，入射波一部分功率被负载吸收，一部分被反射。

继续使用坐标原点选在终端，并且 $+z$ 方向指向源端时的坐标系，线上电压、电流的复数振幅如式（2.72）所示。

$$\begin{cases} U(z)=A_1 \mathrm{e}^{\mathrm{j}\beta z}\left[1+\Gamma(z)\right]=A_1 \mathrm{e}^{\mathrm{j}\beta z}\left[1+|\Gamma_L|\,\mathrm{e}^{-\mathrm{j}(2\beta z-\varphi_L)}\right] \\ I(z)=\dfrac{A_1 \mathrm{e}^{\mathrm{j}\beta z}}{Z_0}\left[1-\Gamma(z)\right]=\dfrac{A_1 \mathrm{e}^{\mathrm{j}\beta z}}{Z_0}\left[1-|\Gamma_L|\,\mathrm{e}^{-\mathrm{j}(2\beta z-\varphi_L)}\right] \end{cases} \quad (2.72)$$

对 $U(z)$ 和 $I(z)$ 取模值：

$$\begin{cases} |U(z)|=|A_1|\sqrt{1+|\Gamma_L|^2+2|\Gamma_L|\cos(2\beta z-\varphi_L)} \\ |I(z)|=\left|\dfrac{A_1}{Z_0}\right|\sqrt{1+|\Gamma_L|^2-2|\Gamma_L|\cos(2\beta z-\varphi_L)} \end{cases} \quad (2.73)$$

把式（2.71）代入式（2.73）中可以得到线上电压、电流振幅的分布情况。显然，线上电压、电流呈现非正弦的周期性分布，随位置 z 变化的周期为 $\lambda/2$。同时，分析式（2.73），可知：

（1）当 $2\beta z-\varphi_L=2n\pi$，$(n=0,1,2,\cdots)$ 时，电压有最大值，即为电压波腹点，同时为电流波节点，此时有

$$z=\frac{\lambda}{4\pi}\varphi_L+\frac{n\lambda}{2} \quad (n=0,1,2,\cdots) \quad (2.74)$$

（2）当 $2\beta z-\varphi_L=(2n+1)\pi$，$(n=0,1,2,\cdots)$ 时，电压有最小值，即为电压波节点，同时为电流波腹点，此时有

$$z=\frac{\lambda}{4\pi}\varphi_L+\frac{\lambda}{4}+\frac{n\lambda}{2} \quad (n=0,1,2,\cdots) \quad (2.75)$$

比较式（2.74）和式（2.75）可知，电压波腹点与电压波节点相距 $\lambda/4$。把式（2.74）代入式（2.72）中，得到电压的最大值和电流的最小值：

$$\begin{cases} U_{\max}=A_1 \mathrm{e}^{\mathrm{j}\beta z}(1+|\Gamma_L|) \\ I_{\min}=\dfrac{A_1 \mathrm{e}^{\mathrm{j}\beta z}}{Z_0}(1-|\Gamma_L|) \end{cases} \quad (2.76)$$

笔记

同理，把式（2.75）代入式（2.72）中，得到电压的最小值和电流的最大值：

$$\begin{cases} U_{\min} = A_1 e^{j\beta z}(1-|\Gamma_L|) \\ I_{\max} = \dfrac{A_1 e^{j\beta z}}{Z_0}(1+|\Gamma_L|) \end{cases} \tag{2.77}$$

由于电压波腹点处同时为电流波节点，电压波节点处同时为电流波腹点，因此根据输入阻抗的定义可得电压波腹点和电压波节点处的输入阻抗分别为

$$Z_{\text{in-max}} = \frac{U_{\max}}{I_{\min}} = Z_0 \frac{1+|\Gamma(z)|}{1-|\Gamma(z)|} = Z_0 \rho \tag{2.78}$$

$$Z_{\text{in-min}} = \frac{U_{\min}}{I_{\max}} = Z_0 \frac{1-|\Gamma(z)|}{1+|\Gamma(z)|} = \frac{Z_0}{\rho} \tag{2.79}$$

例 2.2 在一次微波传输测量实验中，已知传输线的特性阻抗为 $Z_0 = 50\ \Omega$，驻波比为 3，测得线上相邻两个电压波腹点之间的距离为 5 cm，第一个电压波腹点距离负载 1.5 cm，求负载阻抗。

解 （1）根据驻波比可以求出终端反射系数的模值 $|\Gamma_L|$：

$$|\Gamma_L| = \frac{\rho-1}{\rho+1} = \frac{3-1}{3+1} = \frac{1}{2}$$

（2）两个电压波腹点之间的距离为 $\lambda/2$，可以求出波长：

$$\lambda = 2 \times 5 = 10\ \text{cm}$$

那么，第一个电压波腹点距离负载的长度 $l_{\max}$ 可以换算为

$$l_{\max} = 1.5/10 = 0.15\lambda$$

根据电压波腹点在线上的位置计算公式可以求出终端反射系数的相位 φ_L，把 $l_{\max}$ 代入到公式（2.73）中，可以求出 φ_L：

$$\varphi_L = \frac{4\pi l_{\max}}{\lambda} = 0.6\pi$$

综合（1）和（2）可以得到终端反射系数 Γ_L：

$$\Gamma_L = |\Gamma_L| e^{j\varphi_L} = \frac{1}{2} e^{j0.6\pi}$$

（3）根据负载阻抗和终端反射系数的关系，可以求出负载阻抗 Z_L：

$$Z_L = Z_0 \frac{1+\Gamma_L}{1-\Gamma_L} = 50 \frac{1+\dfrac{1}{2}e^{j0.6\pi}}{1-\dfrac{1}{2}e^{j0.6\pi}} = 50 \frac{2+e^{j0.6\pi}}{2-e^{j0.6\pi}}$$

2.6 本 章 小 结

本章主要介绍了传输线理论的基本内容，针对传输线方程的建立与求解、传输线参量的物理意义以及相互之间的关系、均匀无损耗传输线的工作

状态进行了重点介绍。

　　同一传输线，在低频电路中，认为其是理想的，线上电压、电流处处一样，与位置无关；但在微波中，线上电压、电流却是位置的函数。传输线理论为解决这个问题，从"路"的角度研究了本质上属于电磁波传输的分布参数理论，建立了传输线方程，给出了线上电压、电流的变化规律。本章研究的对象是均匀无损耗传输线，但实际应用中使用的都是有损耗传输线。当终端接任意负载时，有损耗传输线上依然是入射波和反射波的合成波，相位相同时形成波腹点，相位相差 π 时形成波节点。在有损耗传输线中，由于传播常数中的衰减常数不为零，所以入射波和反射波在前进方向上均按指数规律衰减。有损耗传输线合成波的振幅以及线上输入阻抗的分析方法与无损耗传输线的分析方法相同。

 笔记

2.7 本章主要知识表格

　　本章主要知识表格包括传输线理论相关公式、传输线参量计算公式及其之间的关系、与均匀无损耗传输线的工作状态，如表 2.5 至表 2.7 所示。

表 2.5　传输线理论相关公式

传输线理论	公　式
时谐条件下的传输线方程	$\begin{cases} \dfrac{\mathrm{d}U(z)}{\mathrm{d}z} = -ZI(z) \\ \dfrac{\mathrm{d}I(z)}{\mathrm{d}z} = -YU(z) \end{cases}$
传输线方程的通解	$\begin{cases} U(z) = A_1 \mathrm{e}^{-\gamma z} + A_2 \mathrm{e}^{\gamma z} \\ I(z) = \dfrac{1}{Z_0}(A_1 \mathrm{e}^{-\gamma z} - A_2 \mathrm{e}^{\gamma z}) \end{cases}$
由入射波和反射波表示的线上电压和电流	$\begin{cases} U(z) = U_i(z) + U_r(z) \\ I(z) = I_i(z) + I_r(z) \end{cases}$

表 2.6　传输线参量计算公式及其之间的关系

传输线参量	公　式
传播常数	$\gamma = \alpha + \mathrm{j}\beta = \sqrt{(R_0 + \mathrm{j}\omega L_0)(G_0 + \mathrm{j}\omega C_0)}$； 无损耗时：$\gamma = \mathrm{j}\beta$
特性阻抗	$Z_0 = \sqrt{\dfrac{(R_0 + \mathrm{j}\omega L_0)}{(G_0 + \mathrm{j}\omega C_0)}}$； 无损耗时：$Z_0 = \sqrt{\dfrac{L_0}{C_0}}$
输入阻抗（无损耗传输线）	$Z_{in}(l) = Z_0 \dfrac{Z_L + \mathrm{j}Z_0\tan\beta l}{Z_0 + \mathrm{j}Z_L\tan\beta l}$

笔记

传输线参量	公 式
反射系数（无损耗传输线）	$\Gamma(l)=\Gamma_L \mathrm{e}^{-\mathrm{j}2\beta l}=\mid\Gamma_L\mid \mathrm{e}^{-\mathrm{j}(2\beta l-\varphi_L)}$
驻波比	$\rho=\dfrac{1+\mid\Gamma(z)\mid}{1-\mid\Gamma(z)\mid}=\dfrac{1+\mid\Gamma_L\mid}{1-\mid\Gamma_L\mid}$
输入阻抗与反射系数	$\begin{cases}Z_{\mathrm{in}}(z)=Z_0\dfrac{[1+\Gamma(z)]}{[1-\Gamma(z)]} \\[3mm] \Gamma(z)=\dfrac{Z_{\mathrm{in}}(z)-Z_0}{Z_{\mathrm{in}}(z)+Z_0}\end{cases}$
终端反射系数与负载	$\begin{cases}\Gamma_L=\dfrac{Z_L-Z_0}{Z_L+Z_0} \\[3mm] Z_L=Z_0\dfrac{1+\Gamma_L}{1-\Gamma_L}\end{cases}$
驻波比与反射系数模值	$\begin{cases}\rho=\dfrac{1+\mid\Gamma(z)\mid}{1-\mid\Gamma(z)\mid}=\dfrac{1+\mid\Gamma_L\mid}{1-\mid\Gamma_L\mid} \\[3mm] \mid\Gamma(z)\mid=\mid\Gamma_L\mid=\dfrac{\rho-1}{\rho+1}\end{cases}$

表 2.7　均匀无损耗传输线的工作状态

工作状态	负载情况	反射系数	输入阻抗
行波	$Z_L=Z_0$	$\Gamma(z)=0$	$Z_{\mathrm{in}}(z)=Z_0$
驻波	$Z_L=0$	$\Gamma(z)=-\mathrm{e}^{-\mathrm{j}2\beta z}$	$Z_{\mathrm{in}}(z)=\mathrm{j}Z_0\tan\beta z$
	$Z_L=\infty$	$\Gamma(z)=\mathrm{e}^{-\mathrm{j}2\beta z}$	$Z_{\mathrm{in}}(z)=-\mathrm{j}Z_0\cot\beta z$
	$Z_L=\pm\mathrm{j}X_L$	$\Gamma(z)=\mathrm{e}^{-\mathrm{j}(2\beta z-\varphi_L)}$	$Z_{\mathrm{in}}(z)=Z_0\dfrac{Z_L+\mathrm{j}Z_0\tan\beta z}{Z_0+\mathrm{j}Z_L\tan\beta z}$
行驻波	除以上四种情况下的任意负载	$\Gamma(z)=\mid\Gamma_L\mid \mathrm{e}^{-\mathrm{j}(2\beta z-\varphi_L)}$	$Z_{\mathrm{in}}(z)=Z_0\dfrac{Z_L+jZ_0\tan\beta z}{Z_0+jZ_L\tan\beta z}$

2.8　本章习题

（1）一长为 $l=40$ mm 的终端短路传输线，特性阻抗 $Z_0=50\ \Omega$，当工作频率为 1.5 GHz 和 2 GHz 时，该传输线的输入端分别呈现什么样的阻抗特性？

（2）无损耗传输线终端开路时，推导输入阻抗随线长 l 变化所呈现的分布规律。

（3）特性阻抗为 $Z_0=50\ \Omega$ 的无损耗传输线，工作频率为 500 MHz，将其终端短路，问此线最短的长度约为多少时，可以等效为一个 6.4 pF 的电容。

（4）已知特性阻抗为 Z_0 的无损耗传输线，负载距离第一个电压最小值点的距离为 l，驻波比为 ρ，证明此时负载为 $Z_L = \dfrac{Z_0 - \mathrm{j}\rho Z_0 \tan(\beta l)}{\rho - \mathrm{j}\tan(\beta l)}$。

（5）一特性阻抗为 $Z_0 = 50 \ \Omega$ 的无损耗传输线，终端接负载为 $Z_L = (100 - \mathrm{j}50)\,\Omega$，求：① 线上反射系数 $\Gamma(z)$。② 靠近终端的第一个电压波腹点、波节点的距离 $l_{\max}$，$l_{\min}$。

（6）一终端接负载阻抗为 $Z_L = 100 \ \Omega$ 的无损耗传输线，测得线上的驻波比为 2，求该无损耗传输线的特性阻抗。

（7）已知图例 2.17 中一无损耗传输线，求源端输入阻抗，终端反射系数，驻波比以及线上电波腹点处的输入阻抗。

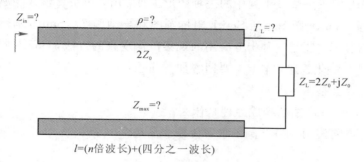

图 2.17　习题（7）用图

（8）已知一无损耗传输线的特性阻抗为 $Z_0 = 50 \ \Omega$，线长 $l = 1.875 \ \mathrm{cm}$，工作频率为 2 GHz，负载阻抗为 $Z_L = (50 + \mathrm{j}50)\,\Omega$，求：① 源端输入阻抗。② 终端反射系数。③ 驻波比。

（9）在某时刻观察到无损耗传输线线上各点电压的瞬时值均为 0，在另一时刻观察到线上各点电流的瞬时值均为 0，求该无损耗传输线的驻波比。

（10）已知一无损耗传输线的特性阻抗为 $Z_0 = 50 \ \Omega$，测得相邻的两个电压波节点之间的距离为 8 cm，线上驻波比为 2，第一个电压波节点距离负载为 4.8 cm，求负载阻抗 Z_L。

第 3 章　工具——Smith 圆图

Smith 圆图是微波工程中的一种图形工具，用来解决传输线问题和阻抗匹配问题。Smith 圆图包括 Smith 阻抗圆图和导纳圆图。Smith 圆图不仅是一种图解技术，还是一种十分有用的观察传输现象的方法，Smith 圆图构成的基础是归一化思想。本章主要回答如下问题：

(1) 什么是 Smith 圆图？

(2) Smith 圆图的构成原理是什么？

(3) 如何使用 Smith 圆图求解传输线参量？

3.1　Smith 圆图工具

Smith 圆图是一种图形工具，利用 Smith 圆图对传输线问题进行求解，可以免除大量的复数运算，使问题容易解决。在传输线问题求解中，涉及到输入阻抗、反射系数、负载阻抗等参量的计算和相互关系的转化，利用传输线理论中的计算公式求解并不困难，但比较烦琐且不够直观。Smith 圆图如同一把尺子，借助这把尺子可以省去烦琐的复数运算，在一个圆图中就可以得到传输线问题中的结果，因此，Smith 圆图被频繁地应用于微波电路的分析和实际设计中，也常应用于微波工程中的阻抗匹配。

Smith 圆图在 20 世纪 30 年代被开发出来，今天，计算机得以大量应用，但 Smith 圆图仍然被普遍使用且发挥着重要的作用在矢量网络分析仪等现代微波测量设备中，测量结果可以以 Smith 圆图的形式显示出来。

Smith 圆图是以开发人 Phillip Smith 的名字命名的，Smith 圆图在矢量网络分析仪中的显示界面如图 3.1 所示，Smith 圆图看上去比较复杂，但只要掌握了它的构成原理，应用起来就非常容易。Smith 圆图反映的是反射系数与阻抗/导纳之间的关系，掌握 Smith 圆图原理可以进一步巩固传输线理论知识。

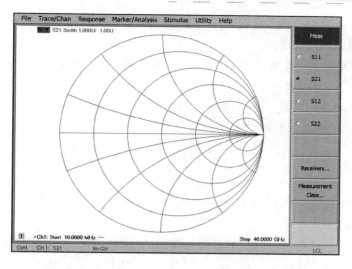

笔记

图 3.1　矢量网络分析仪中的 Smith 圆图显示界面

3.2　Smith 圆图的构成原理

参数归一化思想是 Smith 圆图构成的基础，Smith 圆图包含了等反射系数圆，等电阻圆，等电抗圆等三组圆。

3.2.1　等反射系数圆

反射系数是传输线的基本参量，它反映了传输线上任一点处的反射波和入射波之间的关系，也反映了该点处输入阻抗与特性阻抗的匹配程度，首先从反射系数入手来分析，无损耗传输线上距离终端 l 处的反射系数与复平面如图 3.2 所示。

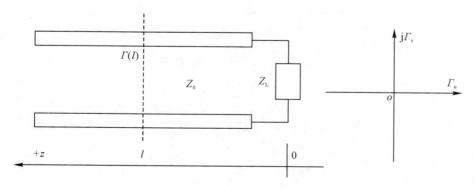

图 3.2　无损耗传输线上距离终端 l 处的反射系数与复平面

对于无损耗传输线，距离终端 l 处的反射系数 $\Gamma(l)$ 为

$$\Gamma(l)=\Gamma_{\mathrm{L}}\mathrm{e}^{-\mathrm{j}2\beta l}=\left|\Gamma_{\mathrm{L}}\right|\mathrm{e}^{-\mathrm{j}(2\beta l-\varphi_{\mathrm{L}})} \tag{3.1}$$

笔记

式中，Γ_L 是终端负载处的反射系数，在传输线和负载阻抗确定的前提条件下，Γ_L 就是确定的量。

把距离终端 l 处的反射系数 $\Gamma(l)$ 利用直角坐标系来表示，有

$$\Gamma(l) = \Gamma_u + j\Gamma_v \tag{3.2}$$

式中，Γ_u 为反射系数的横坐标分量，Γ_v 为反射系数的纵坐标分量。

式(3.1)和式(3.2)的关系为

$$\begin{cases} |\Gamma_L| = \sqrt{\Gamma_u^2 + \Gamma_v^2} \\ \varphi_L - 2\beta l = \arg(\Gamma_u + j\Gamma_v) \end{cases} \tag{3.3}$$

在复平面上可以画出式(3.1)所表述的反射系数，并且从该式中可以得到两点结论：

(1) 线上任意点处的反射系数与终端的反射系数只差一个相位。

(2) 反射系数是一个模值确定的复数，所有反射系数的集合在复平面上就是一个圆。

根据无损耗传输线的工作状态，下面举例说明反射系数取值不同时，传输线上反射系数在复平面上的表示。

1. $|\Gamma_L| = 0$

$|\Gamma_L| = 0$ 时的无损耗传输线如图 3.3 所示。当负载 $Z_L = Z_0$ 时，$|\Gamma_L| = 0$，传输线上反射系数随位置变化的规律在复平面上可以表示为一个半径为 0 的圆，即线上反射系数随位置变化的规律体现在复平面上是一个点，如图 3.4 所示。

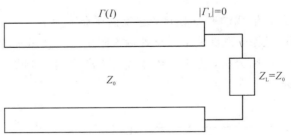

图 3.3　$|\Gamma_L| = 0$ 时的无损耗传输线

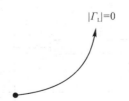

图 3.4　$|\Gamma_L| = 0$ 时的反射系数在复平面上的表示

2. $|\Gamma_L| = 1$

当负载 $Z_L = 0, \infty, \pm jX_L$ 时，$|\Gamma_L| = 1$，无损耗传输线如图 3.5 所示。

传输线上反射系数随位置变化的规律在复平面上可以表示为一个半径为 1 的圆，即线上反射系数随位置变化的规律体现在复平面上就是反射系数的模值为 1，相位在 $0\sim2\pi$ 之间变化，如图 3.6 所示。

笔记

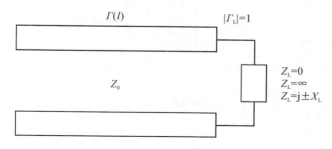

图 3.5　$|\Gamma_L|=1$ 时的无损耗传输线

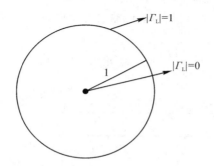

图 3.6　$|\Gamma_L|=1$ 时的反射系数在复平面上的表示

3. $|\Gamma_L|=\dfrac{1}{2}$

当负载 $Z_L=\dfrac{Z_0}{3}$ 时，$|\Gamma_L|=\dfrac{1}{2}$（这里仅举一个例子，还有无数种负载条件下 $|\Gamma_L|=\dfrac{1}{2}$）时，无损耗传输线如图 3.7 所示。传输线上反射系数随位置变化规律在复平面上可以表示为一个半径为 1/2 的圆，即线上反射系数随位置变化的规律体现在复平面上就是反射系数的模值为 1/2，相位在 $0\sim2\pi$ 之间变化，如图 3.8 所示。

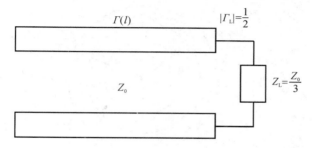

图 3.7　$|\Gamma_L|=\dfrac{1}{2}$ 时的无损耗传输线（负载为纯电阻）

笔记 ✍

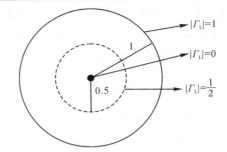

图 3.8　$|\Gamma_{\mathrm{L}}|=\dfrac{1}{2}$ 时的反射系数在复平面上的表示

4. $0\leqslant|\Gamma_{\mathrm{L}}|\leqslant 1$

当负载为任意阻抗时，即当 $Z_{\mathrm{L}}=mZ_0+\mathrm{j}nZ_0(m,n$ 均为实数$)$，$0\leqslant|\Gamma_{\mathrm{L}}|\leqslant 1$ 时，无损耗传输线如图 3.9 所示。传输线上反射系数的模值为

$$|\Gamma_{\mathrm{L}}|=\sqrt{\frac{(m-1)^2+n^2}{(m+1)^2+n^2}} \tag{3.4}$$

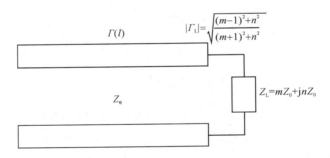

图 3.9　$0\leqslant|\Gamma_{\mathrm{L}}|\leqslant 1$ 时的无损耗传输线

由于 $m\geqslant 0$，所以 $0\leqslant|\Gamma_{\mathrm{L}}|\leqslant 1$，即线上反射系数随位置变化的规律体现在复平面上就是反射系数的模值为 $|\Gamma_{\mathrm{L}}|$，相位在 $0\sim 2\pi$ 之间变化。当 $|\Gamma_{\mathrm{L}}|$ 在 $0\sim 1$ 之间变化时，反映在复平面上就是一组半径为 $0\sim 1$ 的圆，所有圆的相位在 $0\sim 2\pi$ 之间变化，如图 3.10 所示。

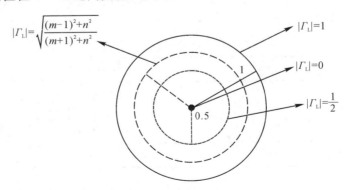

图 3.10　$0\leqslant|\Gamma_{\mathrm{L}}|\leqslant 1$ 时反射系数在复平面上的表示

通过以上的分析可以得到这样的结论：传输线上所有反射系数在复平面上就是一组同心圆，相位在 $0\sim2\pi$ 之间变化，最小圆半径为 0，最大圆半径为 1，这组同心圆就是 Smith 圆图的等反射系数圆。由于每个圆上所有点的反射系数模值都相同，因此称之为等反射系数圆。终端接有任意负载的无损耗传输线，线上任意一点处的反射系数一定可以在这组同心圆上找到唯一一点和其对应，即 Smith 圆图包含了传输线上的所有反射系数的可能。

无损耗传输线终端每接一个负载，线上反射系数就对应一个等反射系数圆，同一个等反射系数圆上不同的点代表线上不同位置处的反射系数。根据式（3.1），当距离终端 l 的坐标增大，反射系数的相位减小，反射系数在等反射系数圆上就顺时针方向转动；反之，当距离终端 l 的坐标减小，反射系数的相位增大，反射系数在等反射系数圆上就逆时针方向转动。也就是说，当反射系数的坐标在传输线上向源端移动时，对应的反射系数在等反射系数圆上顺时针方向转动；当反射系数的坐标在传输线上向终端移动时，对应的反射系数在等反射系数圆上逆时针方向转动，这一过程如图 3.11 所示。

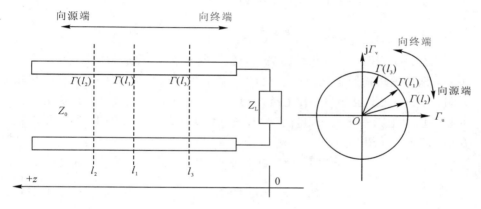

图 3.11　无损耗传输线与等反射系数圆

结合式（3.1）与图 3.11 可知，无论向哪个方向转动，等反射系数圆上转动的角度 $\Delta\varphi$ 与传输线上移动的距离 Δl 之间都有如下关系：

$$\Delta\varphi = 2\beta\Delta l = \frac{4\pi}{\lambda}\Delta l \tag{3.5}$$

注意到，当 $\Delta l = \frac{\lambda}{2}$ 时，$\Delta\varphi = 2\pi$，即在传输线上每移动 $\lambda/2$ 距离时，对应的反射系数在等反射系数圆转动一周；在传输线上每移动 $\lambda/4$ 距离时，对应的反射系数在等反射系数圆转动 0.5 周。

3.2.2　等电阻圆

认识了等反射系数圆后，继续考虑具有周期性的输入阻抗，首先，对于终端接有负载的传输线，利用参数归一化思想，把线上输入阻抗 $Z_{in}(l)$ 对特性阻抗 Z_0 进行归一化：

$$z_{in}(l) = \frac{Z_{in}(l)}{Z_0} = r + jx \qquad (3.6)$$

式中，r 为归一化电阻，x 为归一化电抗。

根据传输线理论，由于输入阻抗与反射系数具有如下关系：

$$Z_{in}(z) = \frac{U(z)}{I(z)} = \frac{U_i(z)[1+\Gamma(z)]}{I_i(z)[1-\Gamma(z)]} = Z_0 \frac{[1+\Gamma(z)]}{[1-\Gamma(z)]} \qquad (3.7)$$

因此归一化输入阻抗与反射系数之间的关系为

$$z_{in}(l) = \frac{1+\Gamma(l)}{1-\Gamma(l)} \qquad (3.8)$$

进一步在复平面上建立归一化输入阻抗与反射系数之间的关系：

$$z_{in}(l) = \frac{1+\Gamma(l)}{1-\Gamma(l)} = \frac{1+\Gamma_u+j\Gamma_v}{1-\Gamma_u-j\Gamma_v} \qquad (3.9)$$

联立式(3.6)和式(3.9)可确定 r，x 与 Γ_u，Γ_v 之间的关系：

$$\begin{cases} r = \dfrac{1+\Gamma_u^2+\Gamma_v^2}{(1-\Gamma_u)^2+\Gamma_v^2} \\[3mm] x = \dfrac{2\Gamma_v}{(1-\Gamma_u)^2+\Gamma_v^2} \end{cases} \qquad (3.10)$$

式(3.10)表明，归一化后的输入阻抗与复平面上的反射系数具有一定的关系，即根据传输线上任意一点处的反射系数可以得到该点处的归一化输入阻抗(归一化电阻和归一化电抗)。于是，根据式(3.10)就可以在反射系数的复平面上把归一化输入阻抗表示出来。本节介绍归一化电阻，归一化电抗在第 3.2.3 节介绍。

首先来分析归一化电阻，对式(3.10)中的第一式进行整理，有：

$$\left(\Gamma_u - \frac{r}{1+r}\right)^2 + \Gamma_v^2 = \left(\frac{1}{1+r}\right)^2 \qquad (3.11)$$

分析可知，式(3.11)是关于圆的方程，该式描述的是一组圆，在复平面上，圆心坐标是 $\left(\dfrac{r}{1+r}, 0\right)$，半径大小为 $\dfrac{1}{1+r}$。随着 r 的变化，圆心的位置和半径的大小在变化，且这组圆都经过坐标 $(1, 0)$ 这一点。当 r 确定时，这个圆上所有点对应的归一化电阻值都一样，都等于 r，这就是等电阻圆。

等电阻圆如图 3.12 所示，当 $r=1$ 时，圆心坐标是 $\left(\dfrac{1}{2}, 0\right)$，半径大小为 $\dfrac{1}{2}$；当 $r=0.5$ 时，圆心坐标是 $\left(\dfrac{1}{3}, 0\right)$，半径大小为 $\dfrac{2}{3}$；r 的值继续减小，当 $r=0$ 时，圆心坐标是 $(0, 0)$，半径大小为 1，即此时等电阻圆与半径大小为 1 的等反射系数圆重合；当 $r=2$ 时，圆心坐标是 $\left(\dfrac{2}{3}, 0\right)$，半径大小为 $\dfrac{1}{3}$；r 的值继续增大，当 $r=\infty$ 时，圆心坐标是 $(1, 0)$，半径大小为 0，此时等电阻圆缩成一点。于是可知，r 的值越大，等电阻圆的半径就越小，最小时缩成一点；反之，r 的值越小，等电阻圆的半径就越大，最大的等电阻圆与半径为 1 的等反射系数圆重合。

不同 r 对应的圆心坐标与半径大小如表 3.1 所示。圆心坐标取值为 $\left(\dfrac{r}{1+r},\,0\right)$，半径大小为 $\left(\dfrac{1}{1+r}\right)$。

笔记

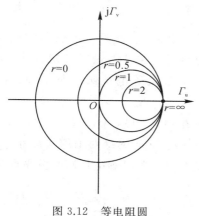

图 3.12　等电阻圆

表 3.1　不同 r 对应的圆心坐标与半径大小

变量 r	圆心坐标	半径大小
$r=1$	$\left(\dfrac{1}{2},\,0\right)$	$\dfrac{1}{2}$
$r=0.5$	$\left(\dfrac{1}{3},\,0\right)$	$\dfrac{2}{3}$
$r=0$	$(0,\,0)$	1
$r=2$	$\left(\dfrac{2}{3},\,0\right)$	$\dfrac{1}{3}$
$r=\infty$	$(1,\,0)$	0

3.2.3　等电抗圆

接下来分析归一化电抗，对式(3.10)中的第二式进行整理，有：

$$(\Gamma_{\mathrm{u}}-1)^2+\left(\Gamma_{\mathrm{v}}-\frac{1}{x}\right)^2=\left(\frac{1}{x}\right)^2 \tag{3.12}$$

分析可知，式(3.12)也是关于圆的方程，描述的也是一组圆，在复平面上，圆心坐标是 $\left(1,\dfrac{1}{x}\right)$，半径大小为 $\left|\dfrac{1}{x}\right|$。随着 x 的变化，圆心位置和半径大小在变化，且这组圆都经过坐标 $(1,0)$ 这一点。当 x 确定时，这个圆上所有点对应的归一化电抗值都一样，都等于 x，这就是等电抗圆。

电抗值有正负之分。等电抗圆如图 3.13 所示。

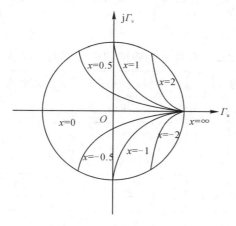

图 3.13　等电抗圆

笔记

（1）当 $x \geqslant 0$ 时：当 $x = 1$ 时，圆心坐标是 $(1, 1)$，半径大小为 1；当 $x = 0.5$ 时，圆心坐标是 $(1, 2)$，半径大小为 2；x 的值继续减小，当 $x = 0$ 时，圆心坐标是 $(1, \infty)$，半径大小为 ∞，即此时等电抗圆与复平面的横轴重合。当 $x = 2$ 时，圆心坐标是 $\left(1, \dfrac{1}{2}\right)$，半径大小为 $\dfrac{1}{2}$；x 的值继续增大，当 $x = \infty$ 时，圆心坐标是 $(1, 0)$，半径大小为 0，此时等电抗圆缩成一点。由此可知，x 的值越大，等电抗圆的半径就越小，最小缩成一点；反之，x 的值越小，等电抗圆的半径就越大，最大等电抗圆与复平面的横轴重合。

（2）当 $x \leqslant 0$ 时：当 $x = -1$ 时，圆心坐标是 $(1, -1)$，半径大小为 1；当 $x = -0.5$ 时，圆心坐标是 $(1, -2)$，半径大小为 2；x 的绝对值继续减小，当 $x = 0$ 时，圆心坐标是 $(1, \infty)$，半径大小为 ∞，即此时等电抗圆与复平面的横轴重合。当 $x = -2$ 时，圆心坐标是 $\left(1, -\dfrac{1}{2}\right)$，半径大小为 $\dfrac{1}{2}$；x 的绝对值继续增大，当 $x = -\infty$ 时，圆心坐标是 $(1, 0)$，半径大小为 0，此时等电抗圆缩成一点。于是可知，x 的绝对值越大，等电抗圆的半径就越小，最小缩成一点；反之，x 的绝对值越小，等电抗圆的半径就越大，最大等电抗圆与复平面的横轴重合。

由此可以看出，当 $x > 0$ 时，归一化电抗呈现的是感性，等电抗圆在横轴的上方；当 $x < 0$ 时，归一化电抗呈现的是容性，等电抗圆在横轴的下方；当 $x = 0$ 时，归一化阻抗呈现的是纯电阻，$x = 0$ 的等电抗圆与横轴重合。

需要注意的是，由于 $|\Gamma(z)| \leqslant 1$ 的限制，式(3.12)所描述的等电抗圆在复平面上有效的部分就是在半径为 1 的等反射系数圆内的部分圆弧，即如图 3.13 所示的等电抗圆，其实为部分圆弧。

不同 x 对应的圆心坐标与半径大小如表 3.2 所示。圆心坐标取值为 $\left(1, \dfrac{1}{x}\right)$，半径大小为 $\left|\dfrac{1}{x}\right|$。

表 3.2　不同 x 对应的圆心坐标与半径大小

变量 x	圆心坐标	半径大小
$x = \pm 1$	$(1, \pm 1)$	1
$x = \pm 0.5$	$(1, \pm 2)$	2
$x = 0$	$(1, \infty)$	∞
$x = \pm 2$	$\left(1, \pm \dfrac{1}{2}\right)$	$\dfrac{1}{2}$
$x = \infty$	$(1, 0)$	0

至此，Smith 阻抗圆图中全部圆的构建就完成了，如图 3.14 所示。在 Smith 阻抗圆图中，在任意一点上都能读出两对相互关联的坐标值：(r, x) 和 (Γ_u, Γ_v)，这说明，在任意一点上都有且只有一个等反射系数圆经过，有且只有一个等电阻圆经过，有且只有一个等电抗圆经过，这些坐标值就构成了该点所对应传输线上该处位置的反射系数和归一化输入阻抗，且该点的反射系数和归一化输入阻抗具有一一对应关系。

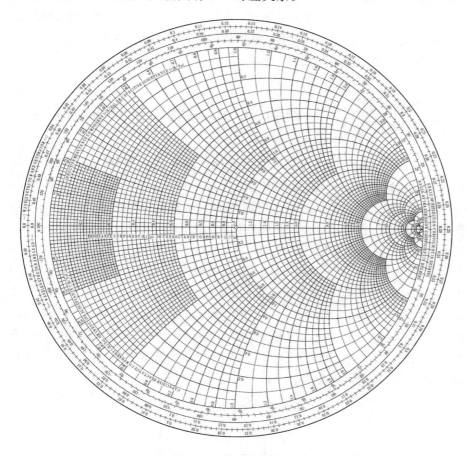

图 3.14　Smith 阻抗圆图

分析 Smith 阻抗圆图，总结出其具有如下 8 个特性和规律。

（1）一个圆：对于终端接有负载的无损耗传输线，其线上反射系数唯一对应一个等反射系数圆，线上位置移动，对应的参量也在圆上移动。

（2）两个方向：圆图上顺时针表示向源端转动，圆图上逆时针表示向终端转动。

（3）半个波长：圆图上旋转一周为 $\lambda/2$，对应圆图上的刻度值为 0.5。

（4）三个特殊的点：匹配点，坐标为 $(0, 0)$，对应 $r=1$，$x=0$，$\Gamma=0$；开路点，坐标为 $(1, 0)$，对应 $r=\infty$，$x=\infty$，$|\Gamma|=1$，$\varphi=0°$；短路点，坐标为 $(-1, 0)$，对应 $r=0$，$x=0$，$|\Gamma|=1$，$\varphi=180°$。

笔记

（5）一条纯电阻线：复平面上 $\Gamma_v=0$ 这条线，即 $x=0$ 对应的线表示纯电阻线，由于 $z_{in}(l)=r+jx$，所以当 $x=0$ 时为纯电阻。

（6）一个纯电抗圆：在半径为 1 的等反射系数圆上，电阻均为 0（除去开路点），于是 $r=0$ 的圆与半径为 1 的等反射系数圆重合。

（7）两个半平面：等电抗圆在横轴之上表示的电抗是感性，横轴之下表示的电抗是容性。

（8）两条半横轴线：右半横轴线，$r>1$，$x=0$，为电压波腹点的轨迹；左半横轴线，$r<1$，$x=0$，为电压波节点的轨迹；这是因为右半横轴和左半横轴线都表示的是纯电阻线。

3.3 利用 Smith 圆图求解传输线参量

利用 Smith 阻抗圆图可以非常方便地求解传输线参量，等反射系数圆是 Smith 阻抗圆图的基底，求解传输线参量的核心就是确定等反射系数圆，一旦确定了等反射系数圆，那么传输线的其他参量可以通过这个等反射系数圆直接或者间接得到。由于等反射系数圆的圆心就是原点，因此在圆心已知的情况下，只要确定圆上的任意一点，这个圆也就确定了。

在这个思路下，对于如图 3.15 所示的终端接有负载的无损耗传输线，由于线上的反射系数和输入阻抗一一对应，映射到 Smith 阻抗圆图上就是反射系数和归一化输入阻抗一一对应，因此只要能确定传输线上一个点的归一化输入阻抗，根据该点所在的等电阻圆和等电抗圆，就可以确定对应的等反射系数圆，如图 3.16 所示。这个点一般由已知条件给出，比如终端负载，源端输入阻抗，或者线上任意一点处的输入阻抗。

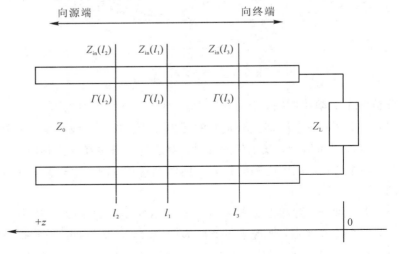

图 3.15　终端接有负载的无损耗传输线

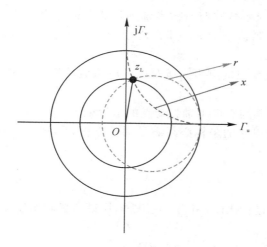

✍ 笔记

图 3.16 已知终端负载条件下传输线对应的 Smith 圆图

3.3.1 利用 Smith 圆图求驻波比

在已知传输线终端负载的条件下如何求驻波比？本节以一个例子来说明利用 Smith 圆图求驻波比的过程并证明。

例 3.1 已知特性阻抗为 Z_0 的无损耗传输线终端接有 Z_L 的负载，利用 Smith 圆图求驻波比。

解 （1）确定等反射系数圆：

已知条件中给出了终端负载，所以先把 Z_L 对 Z_0 进行归一化：

$$z_L = \frac{Z_L}{Z_0} = r_L + j x_L \tag{3.13}$$

根据式(3.13)中 r_L 和 x_L 的值，在 Smith 阻抗圆图上找到 $r = r_L$ 这个电阻圆和 $x = x_L$ 这个电抗圆的交点，这个交点就是负载 z_L，标记为 A 点，然后根据圆心和 A 点画出等反射系数圆。如图 3.17 所示。

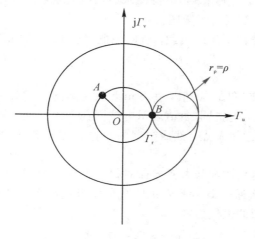

图 3.17 利用 Smith 阻抗圆图求驻波比

笔记

（2）把等反射系数圆与右横半轴的相交点标记为 B 点，经过 B 点的电阻圆所对应的电阻值记为 r_ρ，那么通过 Smith 阻抗圆图可以直接读出驻波比 $\rho = r_\rho$。

为什么经过 B 点的电阻圆所对应的电阻值就等于驻波比呢？下面来证明这一结论。

等反射系数圆与右横半轴相交点的坐标记为 $(\Gamma_r, 0)$，由于它是电阻圆 r_ρ 上的一点，所以它的坐标必须满足圆的方程，即把 $(\Gamma_r, 0)$ 代入式（3.11）中，有

$$\left(\Gamma_r - \frac{r_\rho}{1+r_\rho}\right)^2 + 0 = \left(\frac{1}{1+r_\rho}\right)^2 \tag{3.14}$$

对式（3.14）进行化简，由于 B 点是电阻圆与横轴的左交点，上式去掉平方后取负号：

$$\Gamma_r - \frac{r_\rho}{1+r_\rho} = -\frac{1}{1+r_\rho} \tag{3.15}$$

即

$$\Gamma_r = \frac{r_\rho - 1}{r_\rho + 1} \tag{3.16}$$

由于 $(\Gamma_r, 0)$ 是等反射系数圆与右横半轴相交点的坐标，所以有 $\Gamma_r = |\Gamma(z)|$，进一步整理式（3.16），得到：

$$r_\rho = \frac{1+\Gamma_r}{1-\Gamma_r} = \frac{1+|\Gamma(z)|}{1-|\Gamma(z)|} \tag{3.17}$$

根据驻波比的求解公式，显然上式中 $r_\rho = \rho$，于是得证。

3.3.2 利用 Smith 圆图求反射系数

在已知传输线终端负载的条件下如何求终端反射系数？本节继续以一个例子来说明利用 Smith 圆图求终端反射系数的过程。

例 3.2 已知特性阻抗为 $Z_0 = 50\ \Omega$ 的无损耗传输线，终端接有 $Z_L = (30 - j40)\Omega$ 的负载，利用 Smith 圆图求终端反射系数。

解 （1）确定等反射系数圆：

已知条件中给出了终端负载，所以先把 Z_L 对 Z_0 进行归一化：

$$z_L = \frac{Z_L}{Z_0} = \frac{30 - j40}{50} = 0.6 - j0.8 = r_L + jx_L$$

根据上式中 r_L 和 x_L 的值，在 Smith 阻抗圆图上找到 $r = 0.6$ 这个电阻圆和 $x = -0.8$ 这个电抗圆（负值表示电抗圆在下半平面）的交点，这个交点就是负载 z_L，标记为 A 点，然后根据圆心和 A 点画出等反射系数圆，如图 3.18 所示。

（2）把等反射系数圆与右横半轴的相交点标记为 B 点，经过 B 点的电阻圆记为 r_ρ，那么通过 Smith 阻抗圆图可以直接读出驻波比 $\rho = r_\rho = 3$。所以，终端反射系数的模值为：

$$|\Gamma_L| = \frac{r_\rho - 1}{r_\rho + 1} = \frac{3-1}{3+1} = 0.5$$

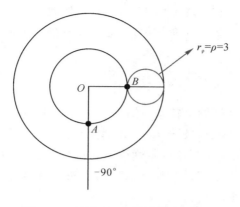

图 3.18　利用 Smith 圆图求反射系数

还需要确定终端反射系数的相位，延长 OA，即可以根据 Smith 阻抗圆图外圈的角度刻度值直接读出相位 $\varphi_L = -90°$。于是终端反射系数为

$$\Gamma_L \approx 0.5\mathrm{e}^{-\mathrm{j}90°}$$

3.3.3　利用 Smith 圆图求输入阻抗

在已知传输线终端负载和线长的条件下如何求源端输入阻抗？本节继续以一个例子来说明利用 Smith 圆图求源端输入阻抗的过程。

例 3.3　已知特性阻抗为 $Z_0 = 50\ \Omega$ 的无损耗传输线，终端接有 $Z_L = (50-\mathrm{j}100)\Omega$ 的负载，线长 $l=0.6\lambda$，利用 Smith 圆图求源端输入阻抗。

解　（1）确定等反射系数圆：

已知条件中给出了终端负载，所以先把 Z_L 对 Z_0 进行归一化：

$$z_L = \frac{Z_L}{Z_0} = \frac{50-\mathrm{j}100}{50} = 1-\mathrm{j}2 = r_L + \mathrm{j}x_L$$

根据上式中 r_L 和 x_L 的值，在 Smith 阻抗圆图上找出 $r=1$ 这个电阻圆和 $x=-2$ 这个电抗圆（负号，下半平面的电抗圆）的交点，这个交点就是负载 z_L，标记为 A 点，然后根据圆心和 A 点画出等反射系数圆，如图 3.19 所示。

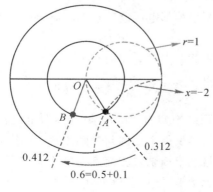

图 3.19　利用 Smith 圆图求输入阻抗

（2）确定在等反射系数圆上转动的方向和距离：

已知终端负载，求源端的传输线参量，应该在等反射系数圆上顺时针转动，转动的刻度 s 为

$$s = \frac{l}{\lambda} = \frac{0.6\lambda}{\lambda} = 0.6$$

由于在等反射系数圆上转动一周为 0.5 刻度，周期为 0.5，所以这里只需要顺时针转动 0.1 刻度。延长 OA，在刻度圆上读出对应的刻度值为 0.312，顺时针转动 0.1 刻度后，对应的刻度值为 0.412，过该刻度点和圆心做线段，与等反射系数圆相交于 B 点，B 点对应的 r 和 x 就是源端的归一化输入阻抗，读出 $z_{in} = 0.23 - j0.6$。

（3）反归一化求出输入阻抗：

$$Z_{in} = z_{in} \cdot Z_0 \approx 50 \times (0.23 - j0.6) = (11.5 - j30)\Omega$$

3.3.4　利用 Smith 圆图求负载阻抗

在已知传输线上驻波比和线长的条件下如何求负载阻抗？本节继续以一个例子来说明利用 Smith 圆图求负载阻抗的过程。

例 3.4　已知特性阻抗为 $Z_0 = 50\ \Omega$ 的无损耗传输线，终端接有 Z_L 的负载，测得线上电压最大值与最小值分别为 5 V 和 2.5 V，两个相邻电压波节点的距离 $d = 0.05$ m，第一个电压波节点距离终端 $l = 0.02$ m，利用 Smith 圆图求负载阻抗。

解　（1）确定等反射系数圆：

已知条件中给出了线上电压最大值与最小值，所以先确定驻波比：

$$\rho = \frac{|V_{max}|}{|V_{min}|} = \frac{5}{2.5} = 2$$

根据驻波比可以确定等反射系数圆，因为等反射系数圆与驻波比对应的电阻圆在右横半轴上相切于一点，在驻波比确定的情况下，这个点就是确定的，所以过该点与圆心就可以画出等反射系数圆。

（2）确定线上的特殊点以及旋转方向与距离：

根据已知条件，两个相邻电压波节点的距离 $d = 0.05$ m，所以有：

$$\lambda = 2d = 0.1 \text{ m}$$

那么，第一个电压波节点到终端的距离 l 可以用 λ 来表示：

$$l = \frac{0.02}{0.1}\lambda = 0.2\lambda$$

下面的问题是电压波节点在 Smith 阻抗圆图上的位置，根据 Smith 阻抗圆图上的特点可知，等反射系数圆与横轴相交于两点，其与右半横轴线相交点为电压波腹点，与左半横轴线相交点为电压波节点。所以在本题中，电压波节点就是等反射系数圆与左半横轴线相交点，这样我们就确定了传输线上电压波节点在 Smith 阻抗圆图上的位置，现在求终端负载阻抗，由电压

波节点向负载方向为逆时针转动，转动的刻度为第一个电压波节点距离终端的刻度 0.2。如图 3.20 所示，A 点即为电压波节点，延长 OA，在刻度圆上读出对应的刻度值为 0.5，逆时针转动 0.2 刻度后，对应的刻度值为 0.3，过该刻度点和圆心做线段，与等反射系数圆相交于 B 点，B 点对应的 r 和 x 就是终端的归一化负载阻抗，可以读出 $z_L = 1.55 - \mathrm{j}0.7$。

笔记

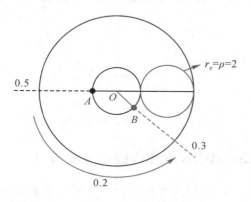

图 3.20　利用 Smith 圆图求负载阻抗

（3）反归一化求出负载阻抗：

$$Z_L = z_L \cdot Z_0 \approx 50 \times (1.55 - \mathrm{j}0.7) = (77.5 - \mathrm{j}35)\ \Omega$$

3.3.5　利用 Smith 圆图求传输线长度

在已知传输线终端负载和输入阻抗的条件下如何求传输线长度？本节继续以一个例子来说明利用 Smith 圆图求传输线长度的过程。

例 3.5　已知特性阻抗为 $Z_0 = 50\ \Omega$ 的无损耗传输线，终端短路，当工作频率为 3 GHz 时，利用 Smith 圆图求传输线长度为多少时，输入阻抗等效为 1 pF 的电容。

解　（1）首先确定 3 GHz 时 1 pF 电容的阻抗值：

$$Z_C = -\frac{\mathrm{j}}{\omega C} = -\frac{\mathrm{j}}{2\pi \times 3 \times 10^9 \times 1 \times 10^{-12}} \approx -53\mathrm{j}\ (\Omega)$$

对输入阻抗归一化：

$$z_C = \frac{Z_C}{Z_0} = -\mathrm{j}\frac{53}{50} = -\mathrm{j}1.06$$

（2）确定等反射系数圆与传输线长度：

本题已知归一化输入阻抗和负载求传输线长度。由于终端短路，因此传输线对应的等反射系数圆就是反射系数为 1 的圆，即最大的圆。如图 3.21 所示，A 点为短路点，根据 z_C 的阻抗值可以确定 B 点的位置，在等反射系数圆上由终端短路点开始顺时针转动到 B 点，或者由输入阻抗 B 点逆时针转到终端短路点 A，两者转动的距离相同，由此可以求出读出传输线长度对应的刻度值为 0.373，对应的传输线长度为

$$l \approx 0.373\lambda$$

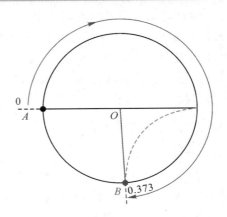

图 3.21　利用 Smith 圆图求传输线长度

3.3.6　利用 Smith 圆图求电压波腹点与波节点

在已知传输线终端负载的条件下如何求电压波腹点与波节点？本节继续以一个例子来说明利用 Smith 圆图求传输线上电压波腹点与波节点到终端负载距离的过程。

例 3.6　已知特性阻抗为 $Z_0 = 50\ \Omega$ 的无损耗传输线，终端接有 $Z_L = (32.5 + j20)\Omega$ 的负载，利用 Smith 圆图求传输线上电压波腹点与波节点到终端负载的距离。

解　（1）确定等反射系数圆：

已知条件中给出了终端负载，所以先把 Z_L 对 Z_0 进行归一化：

$$z_L = \frac{Z_L}{Z_0} = \frac{32.5 + j20}{50} = 0.65 + j0.4 = r_L + jx_L$$

根据上式中 r_L 和 x_L 的值，在 Smith 阻抗圆图上找到 $r = 0.65$ 这个电阻圆和 $x = 0.4$ 这个电抗圆（正号即等电抗圆在横轴之上）的交点，这个交点就是负载 z_L，标记为 A 点，然后根据圆心和 A 点画出等反射系数圆，如图 3.22 所示。

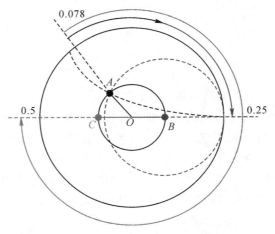

图 3.22　利用 Smith 圆图求电压波腹点与波节点

（2）确定在等反射系数圆上转动的方向和距离：

已知终端负载，求电压波腹点与波节点到终端负载的距离，应该在等反射系数圆上顺时针转动，转动的终点分别是等反射系数圆与左半横轴线相交点（电压波节点），等反射系数圆与右半横轴线相交点（电压波腹点），即图中的 B 点和 C 点。延长 OA，在刻度圆上读出对应的刻度值为 0.078，延长 OB，在刻度圆上读出对应的刻度值为 0.25，延长 OC，在刻度圆上读出对应的刻度值为 0.5。于是有电压波腹点与波节点到终端负载的距离为

$$\begin{cases} l_{\max} \approx (0.25-0.078)\lambda = 0.172\lambda \\ l_{\min} \approx (0.5-0.078)\lambda = 0.422\lambda \end{cases}$$

对于电压波腹点与波节点具有 0.5λ 的周期性，所以上式写为

$$\begin{cases} l_{\max} \approx 0.172\lambda + 0.5n\lambda \quad (n=0,1,2,\cdots) \\ l_{\min} \approx 0.422\lambda + 0.5n\lambda \quad (n=0,1,2,\cdots) \end{cases}$$

3.4　Smith 导纳圆图

由于并联电路的导纳具有相加特性，在某些场合使用导纳运算比较方便，因此有必要学习一下 Smith 导纳圆图。已知导纳与阻抗互为倒数，那么 Smith 导纳圆图与 Smith 阻抗圆图有什么关系呢？一个显然的事实是 Smith 导纳圆图与阻抗圆图都以等反射系数圆为基底，针对接有负载的传输线，无论是用导纳来表示，还是用阻抗来表示，等反射系数圆的构成是不变的。阻抗圆图描绘的是等电阻圆、等电抗圆与等反射系数圆的关系，对应到导纳圆图，导纳圆图描绘的是等电导圆、等电纳圆与等反射系数圆的关系。由于等反射系数圆都是一样的，且导纳与阻抗互为倒数，因此等电导圆、等电纳圆与等电阻圆、等电抗圆具有一定的对应关系。本节从归一化输入导纳入手来推导等电导圆、等电纳圆的形式，并给出导纳圆图与阻抗圆图的对应关系。

首先，对于终端接有负载的传输线，把线上输入导纳 $Y_{\mathrm{in}}(l)$ 对特性导纳 Y_0 进行归一化：

$$y_{\mathrm{in}}(l) = \frac{Y_{\mathrm{in}}(l)}{Y_0} = g + \mathrm{j}b \tag{3.18}$$

式中，g 为归一化电导，b 为归一化电纳。

根据传输线理论，由于输入导纳、输入阻抗与反射系数具有如下关系：

$$Y_{\mathrm{in}}(z) = \frac{1}{Z_{\mathrm{in}}(z)} = \frac{I(z)}{U(z)} = \frac{I_{\mathrm{i}}(z)[1-\Gamma(z)]}{U_{\mathrm{i}}(z)[1+\Gamma(z)]} = Y_0\frac{[1-\Gamma(z)]}{[1+\Gamma(z)]} \tag{3.19}$$

因此归一化输入导纳与反射系数的关系为

笔记

$$y_{\text{in}}(l) = \frac{1 - \Gamma(l)}{1 + \Gamma(l)} \tag{3.20}$$

进一步在复平面上建立归一化输入导纳与反射系数之间的关系：

$$y_{\text{in}}(l) = \frac{1 - \Gamma(l)}{1 + \Gamma(l)} = \frac{1 - \Gamma_u - j\Gamma_v}{1 + \Gamma_u + j\Gamma_v} \tag{3.21}$$

联立式(3.18)和式(3.21)可确定 g，b 与 Γ_u，Γ_v 之间的关系：

$$\begin{cases} g = \dfrac{1 - \Gamma_u^2 - \Gamma_v^2}{(1 + \Gamma_u)^2 + \Gamma_v^2} \\[3mm] b = \dfrac{-2\Gamma_v}{(1 + \Gamma_u)^2 + \Gamma_v^2} \end{cases} \tag{3.22}$$

式(3.22)表明，归一化后的输入导纳与复平面上的反射系数之间具有一定的关系，即根据传输线上任意一点处的反射系数就可以得到该点的归一化输入导纳(归一化电导和归一化电纳)。

根据式(3.22)同样可以得到两组圆的方程：

$$\left(\Gamma_u + \frac{g}{1 + g} \right)^2 + \Gamma_v^2 = \left(\frac{1}{1 + g} \right)^2 \tag{3.23}$$

$$(\Gamma_u + 1)^2 + \left(\Gamma_v + \frac{1}{b} \right)^2 = \left(\frac{1}{b} \right)^2 \tag{3.24}$$

这两组方程在在反射系数的复平面上就是两组圆，分别是等电导圆和等电纳圆，如图 3.23 所示。

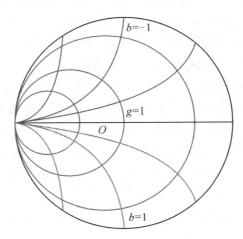

图 3.23 Smith 导纳圆图

根据阻抗圆图和导纳圆图的推导过程，再观察导纳圆图和阻抗圆图可以发现，如果以圆心为轴心，将复平面上的导纳圆图旋转 180°，则导纳圆图和阻抗圆图重合，对应的等值圆重合。于是，可以直接把阻抗圆图当作导纳圆图来使用，圆图上的 r 圆就是 g 圆，x 圆就是 b 圆，读数不变，转动方向的规则不变。但是旋转 180°后，有一些阻抗圆图与导纳圆图的对应关系是改变的，如表 3.3 所示。

表 3.3　阻抗圆图与导纳圆图对应关系

圆图类型	阻抗圆图	导纳圆图
圆上参数	r	g
	x	b
上半圆意义	$x>0$，感性	$b>0$，容性
下半圆意义	$x<0$，容性	$b<0$，感性
点	短路点	开路点
	开路点	短路点
	匹配点	匹配点
	电压波腹点	电压波节点
	电压波节点	电压波腹点
线	纯电阻线	纯电导线

例 3.7　已知特性阻抗为 $Z_0=50\ \Omega$ 的无损耗传输线，终端接有 $Z_L=(100+\mathrm{j}50)\Omega$ 的负载，线长 $l=0.2\lambda$，利用 Smith 圆图求传输线上终端负载导纳和源端输入导纳。

解　（1）确定等反射系数圆。

已知条件中给出了终端负载，先把 Z_L 对 Z_0 进行归一化：

$$z_L=\frac{Z_L}{Z_0}=\frac{100+\mathrm{j}50}{50}=2+\mathrm{j}=r_L+\mathrm{j}x_L$$

根据上式中 r_L 和 x_L 的值，在 Smith 阻抗圆图上找到 $r=2$ 这个电阻圆和 $x=1$ 这个电抗圆（正号即等电抗圆在横轴之上）的交点，这个交点就是负载 z_L，标记为 A 点，然后根据圆心和 A 点画出等反射系数圆，如图 3.24 所示。

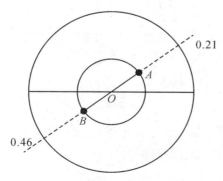

图 3.24　例题 3.7 图解 1

笔记

（2）确定负载导纳。

根据 $\lambda/4$ 长度传输线具有阻抗变换特性，可以在 Smith 阻抗圆图上，根据负载阻抗得到负载导纳，具体推导及过程如下。

特性阻抗为 Z_0 的无损耗传输线，终端接有 Z_L 的负载，距离终端负载 $\lambda/4$ 处的输入阻抗为

$$Z_{in}\left(\frac{\lambda}{4}\right)=\frac{Z_0^2}{Z_L} \tag{3.25}$$

把输入阻抗对 Z_0 进行归一化：

$$z_{in}\left(\frac{\lambda}{4}\right)=\frac{Z_{in}\left(\dfrac{\lambda}{4}\right)}{Z_0}=\frac{Z_0}{Z_L}=\frac{Y_L}{Y_0}=y_L \tag{3.26}$$

由式（3.26）可知，在阻抗圆图上，距离终端负载 $\lambda/4$ 处的归一化阻抗读数即为负载对应的归一化导纳。如图 3.24 所示，把 OA 反向延长与等反射系数圆相交于 B 点，B 点对应的 r，x 值即为 y_L。

由此可得：

$$y_L=(0.4-j0.2)S$$

（3）确定输入导纳。

在 Smith 阻抗圆图上已经确定负载导纳的位置以后，可以把阻抗圆图当作导纳圆图来使用，由于对应的等值圆重合，所以 y_L 的读数不变。

现在要解决的问题：已知负载导纳在 Smith 导纳圆图上的位置，线长 $l=0.2\lambda$，求输入导纳。这个问题很容易通过 Smith 导纳圆图来解决，如图 3.25 所示，继续延用图 3.24，把圆图当成 Smith 导纳圆图来使用，延长 OB，在刻度圆上读出对应的刻度值为 0.46，B 点是负载导纳，求输入导纳，顺时针旋转 0.2 刻度，在刻度圆上读出对应的刻度值为 0.16，过该刻度值点和圆心作线段，与反射系数圆相交于 C 点，C 点的 r，x 读数即为归一化输入导纳：

$$y_{in}=(1+j0.95)S$$

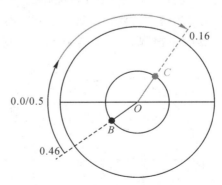

图 3.25 例题 3.7 图解 2

（4）对负载导纳和输入导纳反归一化。

$$Y_L=y_L \cdot Y_0=\frac{y_L}{Z_0}=\frac{0.4-j0.2}{50}=(0.008-j0.004)S$$

$$Y_{in} = y_{in} \cdot Y_0 = \frac{y_{in}}{Z_0} = \frac{1+j0.95}{50} = (0.02+j0.019)S$$

以上在利用 Smith 圆图求解传输线参量过程中，默认传输线都是无损耗传输线，但在实际微波工程中，传输线是有损耗的，即衰减常数 $\alpha \neq 0$，那么沿着有损耗传输线移动，对应在 Smith 圆图上的轨迹就不是沿着一个等反射系数圆移动，而是一段曲线。

例如，沿着有损耗传输线向源端移动 l 长度，移动的相位差为 $\Delta\varphi = 2\beta l$，对应在 Smith 圆图上的轨迹如图 3.26 所示，无损耗时，在 Smith 圆图上沿着等反射系数圆到达 B 点；而有损耗时，到达的是 C 点，C 点所在等反射系数圆半径是 A 点所在等反射系数圆半径的 $e^{-2\alpha l}$ 倍，B、C 两点对应的相位相同。

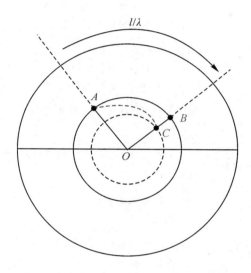

图 3.26　有损耗传输线在 Smith 圆图上的移动轨迹

3.5　本 章 小 结

本章主要介绍了 Smith 圆图的基本内容，针对 Smith 阻抗圆图的构成，对其应用进行了重点介绍。完整的 Smith 圆图工具包括了等反射系数圆、等电阻圆、等电抗圆和电刻度圆，为了画面简洁，一般不画出等反射系数圆，在使用的时候根据需要再画出。在实际应用中，导纳圆图也是必不可少的，如果以圆心为轴心，将复平面上的导纳圆图旋转 180°，导纳圆图就和阻抗圆图重合，因此，Smith 阻抗圆图与导纳圆图是统一的，在传输线问题求解和阻抗匹配中，阻抗圆图和导纳圆图是同时配合使用的，并且来回切换，但只要牢牢把握 Smith 圆图是图形工具这个本质，在使用的过程中就不会迷失方向。

笔记

3.6　本章主要知识表格

本章主要知识表格包括 Smith 圆图特点，Smith 阻抗圆图求解传输线问题及解法，如表 3.4 和表 3.5 所示。

表 3.4　Smith 圆图特点

代号	特点名称	具 体 描 述
一	一个圆	终端接有负载的无损耗传输线对应唯一一个等反射系数圆
二	两个方向	圆图上顺时针表示向源端转动，圆图上逆时针表示向终端转动
三	三个特殊的点	匹配点，坐标为(0，0)；开路点，坐标为(1，0)；短路点，坐标为(−1，0)
一	一条纯电阻线	复平面上 $\Gamma_v = 0$ 这条线，即 $x = 0$ 对应的线表示纯电阻线
一	一个纯电抗圆	在半径为 1 的等反射系数圆上，电阻均为 0（除去开路点）
二	两个半平面	横轴之上表示的电抗是感性，横轴之下表示电抗的是容性
二	两条半横轴线	右半横轴线，$r > 1$，$x = 0$，为电压波腹点的轨迹；左半横轴线，$r < 1$，$x = 0$，为电压波节点的轨迹
零点五	半个波长	在圆图上旋转一周的对应刻度为 0.5，对应到传输线上移动的距离为 $\lambda/2$
总结起来口诀为："一二三"；"一一二二零点五"		

表 3.5　Smith 阻抗圆图求解传输线问题及解法

序号	主要问题	具 体 解 法
1	已知负载阻抗求负载导纳	对负载阻抗归一化，在 Smith 圆图上标记负载阻抗位置，画出等反射系数圆，过负载阻抗与圆心画一条线段与等反射系数圆相交，交点的 r，x 读数即为归一化负载导纳
2	已知负载阻抗求驻波比	对负载阻抗归一化，在 Smith 圆图上标记负载阻抗位置，画出等反射系数圆，找到过等反射系数圆与右半横轴交点的电阻圆，电阻圆的值就为驻波比

续表   笔记

序号	主要问题	具体解法
3	已知负载阻抗求输入阻抗	对负载阻抗归一化，在 Smith 圆图上标记负载阻抗位置，画出等反射系数圆，根据线长与波长可计算出对应的刻度，由负载位置沿着等反射系数圆顺时针旋转相应的刻度，等反射系数圆上旋转目的地的点就是归一化输入阻抗
4	已知负载阻抗和输入阻抗求线长	对负载阻抗和输入阻抗分别归一化，在 Smith 圆图上标记负载阻抗和输入阻抗的位置，画出等反射系数圆，由负载位置沿着等反射系数圆顺时针旋转到输入阻抗的位置，记录走过的刻度，换算成距离就是线长
5	已知负载阻抗求反射系数	对负载阻抗归一化，在 Smith 圆图上标记负载阻抗位置，画出等反射系数圆，反射系数的模值通过驻波比来计算，找到过等反射系数圆与右半横轴交点的电阻圆，电阻圆的值就为驻波比，反射系数的相位就是等反射系数圆上某一点对应的角度刻度圆的角度
6	已知负载阻抗，求第一个电压波节点（波腹点）到负载的距离	对负载阻抗归一化，在 Smith 圆图上标记负载阻抗位置，画出等反射系数圆，等反射系数圆与左半横轴的交点就是电压波节点（等反射系数圆与横轴右半轴的交点就是电压波腹点），由波节点（或者波腹点）位置沿着等反射系数圆逆时针旋转到负载位置，走过相应的刻度换算成长度，即为第一个电压波节点（波腹点）到负载的距离
7	已知输入阻抗求负载阻抗	对输入阻抗归一化，在 Smith 圆图上标记输入阻抗位置，画出等反射系数圆，根据线长与波长可计算出对应的刻度，由输入阻抗位置沿着等反射系数圆逆时针旋转相应的刻度，等反射系数圆上旋转目的地的点就是归一化负载阻抗
8	已知驻波比、波节点（或者波腹点）到负载的距离求负载阻抗	电阻圆的值就为驻波比，描出该电阻圆与右半横轴的交点，过该交点的等反射系数圆就是此时要确定的等反射系数圆，等反射系数圆与左半横轴的交点就是电压波节点（等反射系数圆与横轴右半轴的交点就是电压波腹点），根据波节点（或者波腹点）到负载的距离与波长可计算出对应的刻度，由波节点（或者波腹点）位置沿着等反射系数圆逆时针旋转相应的刻度，等反射系数圆上旋转目的地的点就是归一化负载阻抗

3.7 本 章 习 题

(1) 已知特性阻抗为 $Z_0 = 50\ \Omega$ 的无损耗传输线，终端接有 $Z_L = (100 - j30)\ \Omega$ 的负载，线长 $l = 0.3\lambda$，求输入阻抗和输入导纳。

(2) 已知特性阻抗为 $Z_0 = 50\ \Omega$ 的无损耗传输线，终端接有 Z_L 的负载，测得线上电压驻波比为 $\rho = 1.8$，两个相邻电压波节点的距离 $d = 0.03$ m，第一个电压波节点距离终端 $l = 0.006$ m，求负载阻抗。

(3) 已知特性阻抗为 $Z_0 = 50\ \Omega$ 的无损耗传输线，终端接有 $Z_L = (70 - j20)\ \Omega$ 的负载，线长 $l = 0.6\lambda$，求源端反射系数，驻波比。

(4) 已知特性阻抗为 $Z_0 = 50\ \Omega$ 的无损耗传输线，终端接有 $Z_L = (70 - j20)\ \Omega$ 的负载，求终端第一个电压波节点和电压波腹点到负载的距离。

(5) 已知特性阻抗为 $Z_0 = 50\ \Omega$ 的无损耗传输线，终端开路，当 $y_{in} = -j0.2S$ 求传输线的长度。

(6) 已知特性阻抗为 $Z_0 = 50\ \Omega$ 的无损耗传输线，终端短路，当 $y_{in} = -j0.2S$ 求传输线的长度。

(7) 已知特性阻抗为 $Z_0 = 50\ \Omega$ 的无损耗传输线，终端接有 $Z_L = (80 + j30)\ \Omega$ 的负载，线长 $l = 0.75\lambda$，求源端输入阻抗，波节点和波腹点处的输入阻抗。

(8) 已知特性阻抗为 $Z_0 = 50\ \Omega$ 的无损耗传输线，源端输入阻抗为 $Z_{in} = (60 + j60)\ \Omega$ 的负载，线长 $l = 0.65\lambda$，求负载阻抗，驻波比。

(9) 已知特性阻抗为 $Z_0 = 50\ \Omega$ 的无损耗传输线，终端短路，当工作频率为 2 GHz 时，求传输线长度为多少时，输入阻抗等效为 9 nH 的电感。

(10) 已知特性阻抗为 $Z_0 = 50\ \Omega$ 的无损耗传输线，$Y_{in} = (0.03 - j0.01)S$，线长 $l = 0.32\lambda$，求负载阻抗。

第4章 状态——阻抗匹配

阻抗匹配是微波系统的一种工作状态，是系统设计时必须要考虑的重要问题，它关系到系统的传输效率、功率容量和稳定性等。在阻抗匹配设计的过程中，使用解析方法比较复杂，而应用 Smith 圆图进行设计比较方便、直观。使用 Smith 圆图进行阻抗匹配设计也是 Smith 圆图的重要应用。本章主要回答如下问题：

（1）什么是阻抗匹配？

（2）如何进行阻抗匹配？

（3）如何应用 Smith 圆图进行阻抗匹配？

4.1 阻抗匹配状态

实际的微波传输系统需要加上与传输线相连接的信号源和负载。由信号源、传输线及负载所组成的传输系统如图 4.1 所示，图中，Z_S 为信号源内阻抗，Z_{in} 为输入阻抗，Z_0 为传输线的特性阻抗，Z_L 为负载阻抗。为了提供传输效率，保持信号源工作稳定及提高传输线功率容量，希望：① 信号源输出最大功率；② 负载吸收全部入射功率。这两点要求分别对应信号源与负载之间的共轭匹配和传输线与负载之间的无反射匹配。工作于共轭匹配状态时，信号源输出最大功率；工作于无反射匹配状态时，负载吸收全部入射功率。

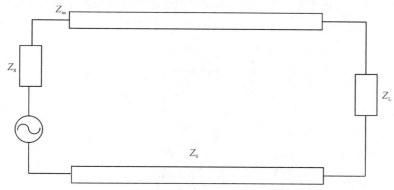

图 4.1　信号源、传输线及负载所组成的传输系统

1. 共轭匹配

共轭匹配要解决的问题是如何从信号源获取最大功率。共轭匹配要求传输线的输入阻抗与信号源内阻抗互为共轭。如果信号源内阻抗 Z_S 为

$$Z_S = R_S + jX_S \tag{4.1}$$

则要求传输线的输入阻抗 Z_{in} 为

$$Z_{in} = Z_S^* = R_S - jX_S \tag{4.2}$$

在上述条件下，可以推导出信号源具有最大输出功率，但此时并不意味着传输线与负载之间实现了匹配，共轭匹配只是实现了信号源最大功率的输出。

2. 无反射匹配

无反射匹配要解决的问题是如何使负载吸收全部入射功率。负载与传输线之间的无反射匹配要求负载阻抗与传输线阻抗相等，此时负载吸收全部入射功率，线上没有反射，即要求：

$$Z_L = Z_0 \tag{4.3}$$

对于微波系统，都希望终端所接负载是匹配负载，因为只有匹配负载才能确保传输线工作于行波状态，从而获得高传输效率、大功率容量以及系统工作的稳定性。行波状态既能够保证传输效率最高和功率容量最大，又能够保证整个系统工作的稳定。

由于共轭匹配和无反射匹配实现的条件不同，因此不一定能同时实现，只有信号源内阻抗、传输线阻抗及负载阻抗都相等且为纯电阻时，才能同时实现共轭匹配和无反射匹配。本章只讨论负载与传输线的无反射匹配。

如图 4.2 所示，在负载阻抗和传输线特性阻抗不等的微波系统中，负载会将部分能量反射到源端，为了解决这个问题，需要在负载和传输线间插入一个匹配装置。插入匹配装置后，该处的输入阻抗即等效阻抗与传输线的特性阻抗相等。虽然此时在匹配装置和负载之间存在很多反射，但是从信号源和传输线的角度看，传输线处于无反射、匹配状态，这相当于在传输线上引入的新的反射（匹配装置）抵消了原有的反射。需要注意的是，为了使负载吸收全部功率，匹配装置本身不能有功率消耗，即匹配装置应该由电抗性元件构成。常见的匹配装置有 $\lambda/4$ 阻抗变换器、单支节匹配器和双支节匹配器。

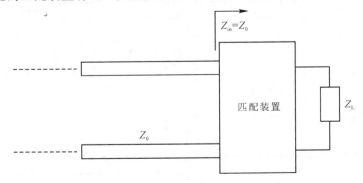

图 4.2　无反射匹配

笔记

4.2　$\lambda/4$ 阻抗变换器

$\lambda/4$ 阻抗变换器是由特性阻抗为 Z_{01}，长度为 $\lambda/4$ 的无损耗传输线构成的匹配装置，置于传输线和负载之间，可以实现无反射匹配，如图 4.3 所示。

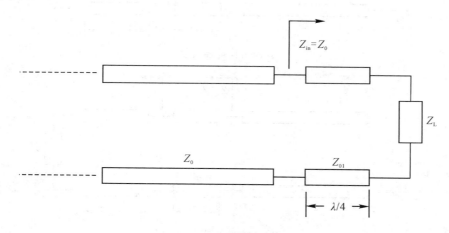

图 4.3　$\lambda/4$ 阻抗变换器

要实现无反射匹配，负载阻抗应为纯电阻，即 $Z_L = R_L$。根据 $\lambda/4$ 传输线的输入阻抗计算公式，插入 $\lambda/4$ 阻抗变换器后输入阻抗为

$$Z_{in} = \frac{Z_{01}^2}{Z_L} = \frac{Z_{01}^2}{R_L} \tag{4.4}$$

为了实现无反射匹配，必须使

$$Z_{in} = \frac{Z_{01}^2}{R_L} = Z_0 \tag{4.5}$$

所以有

$$Z_{01} = \sqrt{Z_0 R_L} \tag{4.6}$$

这样就可以确定 $\lambda/4$ 阻抗变换器的特性阻抗，并根据特性阻抗计算出其物理尺寸等参数。

如果负载不是纯电阻，为复数负载 $Z_L = R_L + jX_L$，而仍要使用 $\lambda/4$ 阻抗变换器实现无反射匹配，那么 $\lambda/4$ 阻抗变换器不能置于传输线和负载之间，而需要插入在传输线的某个节点位置。

由前面的分析可知，$\lambda/4$ 阻抗变换器可以实现传输线与纯电阻负载之间的无反射匹配，那么根据等效阻抗的物理意义，如果传输线上某个节点处的输入阻抗为纯电阻，就可以把 $\lambda/4$ 阻抗变换器插入到该处，实现无反射匹配。由传输线理论可知，在电压波腹点和波节点处的输入阻抗分别为 $Z_0\rho$、Z_0/ρ，均为纯电阻，所以针对复数负载阻抗，在电压波腹点或者波节点处插

笔记

入 $\lambda/4$ 阻抗变换器可以实现无反射匹配,如图 4.4(a)、(b)所示。

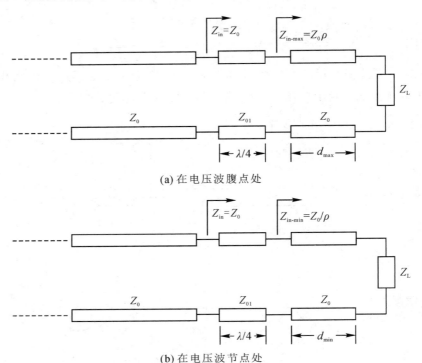

(a) 在电压波腹点处

(b) 在电压波节点处

图 4.4　$\lambda/4$ 阻抗变换器匹配复数负载阻抗

电压波腹点和波节点处的输入阻抗即等效阻抗,于是可以把图 4.4 简化为图 4.5 的形式。根据式(4.6)可知,此时 $\lambda/4$ 阻抗变换器的特性阻抗分别为

$$\begin{cases} Z_{01} = \sqrt{Z_0 \cdot Z_0 \rho} = Z_0 \sqrt{\rho} \\ Z_{01} = \sqrt{Z_0 \cdot \dfrac{Z_0}{\rho}} = Z_0 \sqrt{\dfrac{1}{\rho}} \end{cases} \tag{4.7}$$

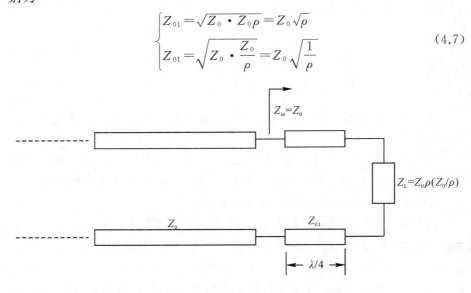

图 4.5　$\lambda/4$ 阻抗变换器匹配复数负载阻抗的等效图

其中，第一式对应在电压波腹点处插入 $\lambda/4$ 阻抗变换器，第二式对应在电压波节点处插入 $\lambda/4$ 阻抗变换器，驻波比可以由负载阻抗和传输线的特性阻抗求出。

以上求出的阻抗变换器的特性阻抗及长度都是针对单一波长的，也就是针对单一频率的，实现的是单一频率的无反射匹配，当工作频率偏离时，不再完全匹配。

针对纯电阻负载 R_L，假设在工作波长为 λ_0 时实现了无反射匹配，对应的频率为 f_0，长度 $l=\lambda_0/4$，特性阻抗 $Z_{01}=\sqrt{Z_0 R_L}$。当工作频率偏离 f_0 时，$Z_{in}\neq Z_0$，传输线上将存在反射，反射系数为

$$\Gamma(z)=\frac{Z_{in}(z)-Z_0}{Z_{in}(z)+Z_0} \tag{4.8}$$

插入 $\lambda/4$ 阻抗变换器后，使用输入阻抗的计算公式，有

$$Z_{in}(l)=Z_{01}\frac{R_L+jZ_{01}\tan\beta l}{Z_{01}+jR_L\tan\beta l} \tag{4.9}$$

把式（4.9）代入式（4.8）中，有

$$\Gamma(l)=\frac{Z_{in}(l)-Z_0}{Z_{in}(l)+Z_0}=\frac{Z_{01}\dfrac{R_L+jZ_{01}\tan\beta l}{Z_{01}+jR_L\tan\beta l}-Z_0}{Z_{01}\dfrac{R_L+jZ_{01}\tan\beta l}{Z_{01}+jR_L\tan\beta l}+Z_0} \tag{4.10}$$

把 $Z_{01}=\sqrt{Z_0 R_L}$ 代入式（4.10），整理后得

$$\Gamma(l)=\frac{R_L-Z_0}{R_L+Z_0+j2\sqrt{Z_0 R_L}\tan\beta l} \tag{4.11}$$

其模值为

$$|\Gamma(l)|=\frac{1}{\sqrt{1+\left(\dfrac{2\sqrt{Z_0 R_L}}{R_L-Z_0}\sec\beta l\right)^2}} \tag{4.12}$$

在中心频率 f_0 处，$\sec\beta l\to\infty$，则有

$$|\Gamma(l)|\approx\frac{|R_L-Z_0|}{2\sqrt{Z_0 R_L}}|\cos\beta l| \tag{4.13}$$

当 $l=0$ 时，由式（4.11）可知 $|\Gamma(l)|$ 最大，即

$$|\Gamma(l)|_{max}=\frac{|R_L-Z_0|}{|R_L+Z_0|} \tag{4.14}$$

令 $\theta=\beta l$，式（4.11）可以画出 $|\Gamma(l)|$ 随 θ 变化的曲线，如图 4.6 所示。从图中可以看出，对于单一频率或窄频带的阻抗匹配，一般单节的 $\lambda/4$ 阻抗变换器就可以满足要求；但对于宽频带的匹配，则需要采用两节、三节或者多节的阻抗变换器。图中，θ_m 为角频率形式表示的匹配带宽。

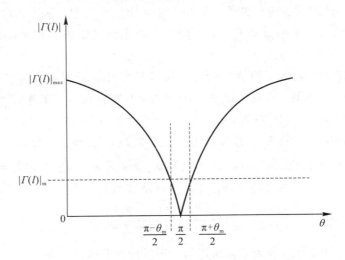

图 4.6 $\lambda/4$ 阻抗变换器的频幅特性

例 4.1 已知特性阻抗为 $Z_0 = 50\ \Omega$ 的无损耗传输线，终端接有 $Z_L = (150+j50)\Omega$ 的负载，在电压波腹点或者电压波节点处插入 $\lambda/4$ 阻抗变换器实现无反射匹配，求 $\lambda/4$ 阻抗变换器的特性阻抗。

解 在电压波腹点和电压波节点处插入 $\lambda/4$ 阻抗变换器实现无反射匹配，要求 $\lambda/4$ 阻抗变换器的特性阻抗分别为

$$\begin{cases} Z_{01} = Z_0\sqrt{\rho} \\ Z_{01} = Z_0\sqrt{\dfrac{1}{\rho}} \end{cases}$$

为了求 Z_{01}，需要求出驻波比 ρ。根据已知条件 $Z_0 = 50\ \Omega$，$Z_L = (150+j50)\Omega$，先求 Γ_L：

$$\Gamma_L = \frac{Z_L - Z_0}{Z_L + Z_0} = \frac{150+j50-50}{150+j50+50} = \frac{9+2j}{17}$$

$$\rho = \frac{1+|\Gamma_L|}{1-|\Gamma_L|} = \frac{1+\dfrac{\sqrt{85}}{17}}{1-\dfrac{\sqrt{85}}{17}} = 3.37$$

于是，在电压波腹点处插入 $\lambda/4$ 阻抗变换器的特性阻抗为

$$Z_{01} = Z_0\sqrt{\rho} = 50\sqrt{3.37} = 91.8\ \Omega$$

在电压波节点处插入 $\lambda/4$ 阻抗变换器的特性阻抗为

$$Z_{01} = Z_0\sqrt{\frac{1}{\rho}} = 50\sqrt{\frac{1}{3.37}} = 27.2\ \Omega$$

4.3 单支节匹配器

单支节匹配器是由特性阻抗为 Z_0，一定长度的终端短路或者开路的无

损耗传输线构成的匹配装置，它并联或者串联置于传输线和负载之间的某个位置，可以实现无反射匹配，如图 4.7 所示。

✎ 笔记

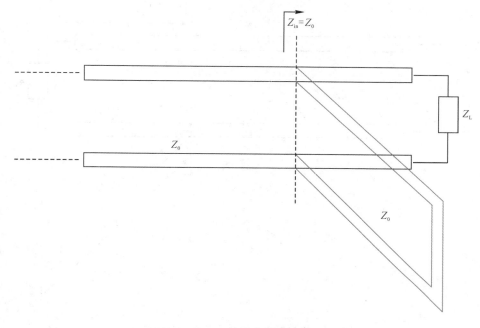

图 4.7　并联形式的单支节匹配器

对于单支节匹配器，要确定两个量：一个是支节置于传输线上的位置，另一个是支节的长度。如果位置和长度确定了，阻抗匹配也就确定了。本节以双导线为例来说明并联单支节匹配器，其原理如下。

选用并联支节时使用导纳分析比较方便，因此此处用导纳分析。如图 4.8 所示，假设终端短路的并联支节置于传输线的位置距离负载为 d，支节长度为 l，使并联支节后的传输线上归一化输入导纳为 1，那么此时 d 和 l 的值就可以满足无反射匹配条件。由于支节本身不能有功率消耗，因此它只能提供电纳 y_b，不能提供电导，即

$$y_b = \mp jb \qquad (4.15)$$

在支节仅能提供电纳 y_b 的基础上，欲使并联支节后的传输线上归一化输入导纳为 1，那么支节置于传输线位置处的归一化输入导纳 y_a 只能为

$$y_a = 1 \pm jb \qquad (4.16)$$

单支节匹配后，线上归一化输入导纳 y_{in} 为

$$y_{in} = y_a + y_b = 1 \qquad (4.17)$$

于是，确定 d 和 l 的值就变成了确定两件事情：一是传输线上何处的归一化输入导纳为 $1 \pm jb$？二是特性阻抗为 Z_0，长度为多少的终端短路传输线的归一化输入导纳为 $\pm jb$？利用 Smith 圆图可以很方便地解决这两个问题。

笔记

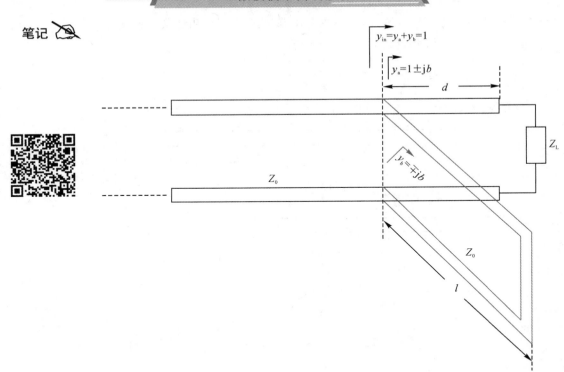

图 4.8　终端短路并联单支节匹配器的实现

首先来看第一个问题：传输线上何处的归一化输入导纳为 $1\pm jb$？由 Smith 导纳圆图可知，$g=1$ 的等电导圆其圆上各点对应的归一化电导为 1。无论 b 的取值如何，总能在 $g=1$ 的等电导圆上找到相应的点分别对应归一化导纳 $1+jb$ 和 $1-jb$，如图 4.9 所示。

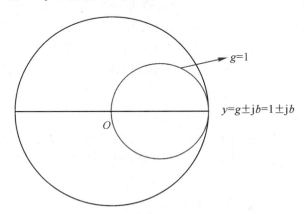

图 4.9　$g=1$ 的等电导圆

由终端负载和特性阻抗可以确定传输线对应的等反射系数圆，由于等反射系数圆与 $g=1$ 的等电导圆一定有两个交点（除终端匹配、开路以及短路外），且这两个交点对应的归一化导纳分别为 $1+jb$ 和 $1-jb$，因此，这两个交点对应传输线上的位置就是支节并联的位置。在 Smith 导纳圆图中，分别计算由终端负载导纳到这两个交点的刻度差值，进而求出传输线上位置 d 的值，分别为 d_1 和 d_2。求 d 值的过程如图 4.10 所示。

✐ 笔记

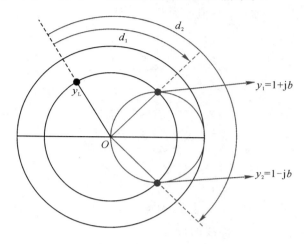

图 4.10　求 d 值的过程

第二个问题：特性阻抗为 Z_0，长度为多少的终端短路传输线的归一化输入导纳为 $\pm \mathrm{j}b$？由终端短路可以确定等反射系数圆，然后由终端负载向源端转动，转动到 $-\mathrm{j}b$ 或者 $+\mathrm{j}b$ 处，转动的刻度换算成距离就是支节的长度 l。求 l 值的过程如图 4.11 所示。至此，d 和 l 的值就都确定了，d 和 l 对应两组值，一般选用距离负载较近的一组值。

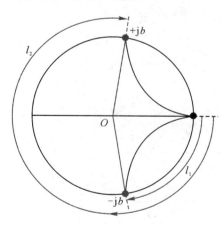

图 4.11　求 l 值的过程

例 4.2　已知特性阻抗为 $Z_0 = 50\ \Omega$ 的无损耗传输线，终端接有 $Z_L = (150 - \mathrm{j}50)\ \Omega$ 的负载，利用终端短路并联单支节进行无反射匹配，支节的特性阻抗与传输线的特性阻抗相同，求支节位置 d 和支节长度 l。

解　（1）确定等反射系数圆与归一化负载导纳：

已知条件中给出了终端负载，所以先把 Z_L 对 Z_0 进行归一化：

$$z_L = \frac{Z_L}{Z_0} = \frac{150 - \mathrm{j}50}{50} = 3 - \mathrm{j} = r_L + \mathrm{j}x_L$$

笔记

根据上式中 r_L 和 x_L 的值确定等反射系数圆，如图 4.12 所示。图中，A 点为负载在等反射系数圆上对应的点，把 OA 反向延长与等反射系数圆相交于 B 点，B 点对应的 r、x 值即为归一化负载导纳 y_L。

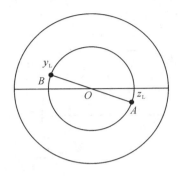

图 4.12　例题 4.2 图解 1

（2）确定支节置于传输线的位置 d：

从这一步开始把圆图当作 Smith 导纳圆图来使用。在圆图上找出等反射系数圆与 $g=1$ 的等电导圆的两个交点 C 和 D，这两个点处的归一化导纳分别为 $y_1=1+\mathrm{j}1.3$ 和 $y_2=1-\mathrm{j}1.3$。沿着等反射系数圆从 B 点顺时针转动到 C 点，走过的刻度值记为 d_1，从 B 点顺时针转动到 D 点，走过的刻度值记为 d_2，如图 4.13 所示，可以计算出 d_1 和 d_2 的值为

$$\begin{cases} d_1 \approx (0.17-0.018)\lambda = 0.152\lambda \\ d_2 \approx (0.328-0.018)\lambda = 0.31\lambda \end{cases}$$

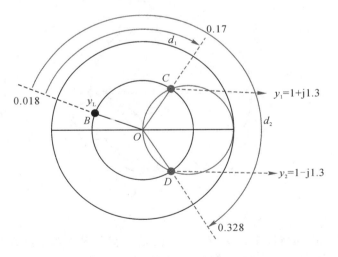

图 4.13　例题 4.2 图解 2

（3）确定终端短路并联支节的长度 l：

已知 C 点和 D 点处的归一化导纳分别为 $y_1=1+\mathrm{j}1.3$ 和 $y_2=1-\mathrm{j}1.3$，所以对于 C 点需要并联一个归一化导纳为 $-\mathrm{j}1.3$ 的支节，对于 D 点需要并联一个归一化导纳为 $+\mathrm{j}1.3$ 的支节。重新使用 Smith 导纳圆图来计算并联支节的长度 l。如图 4.14 所示。

✍ 笔记

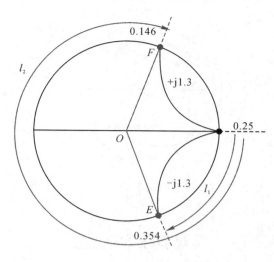

图 4.14　例题 4.2 图解 3

由于并联支节终端短路，因此等反射系数圆就是模值为 1 的圆，坐标 $(1,0)$ 点为短路点，在等反射系数圆上找到归一化导纳为 $-j1.3$ 和 $+j1.3$ 的点，分别标记为 E 点和 F 点，沿着等反射系数圆从短路点顺时针转动到 E 点，走过的刻度值记为 l_1，从短路点顺时针转动到 F 点，走过的刻度值记为 l_2，根据图 4.14 中的读数可以计算出 l_1 和 l_2 的值为

$$\begin{cases} l_1 \approx (0.354-0.25)\lambda = 0.104\lambda \\ l_2 \approx (0.25+0.146)\lambda = 0.396\lambda \end{cases}$$

于是可以得到两组满足无反射匹配的终端短路并联单支节的 d 和 l 值，分别为

$$\begin{cases} d_1 \approx 0.152\lambda \\ l_1 \approx 0.104\lambda \end{cases}$$

$$\begin{cases} d_2 \approx 0.31\lambda \\ l_2 \approx 0.396\lambda \end{cases}$$

由于在传输线上输入阻抗具有 $\lambda/2$ 的周期性，因此传输线上可以并联支节的位置并不唯一，每组值加上 $n\lambda/2(n=1, 2, 3, \cdots)$ 也满足无反射匹配条件。

在本例中使用的是终端短路的单支节，如果使用的是终端开路的单支节，则仅影响支节长度 l 的计算，此时求支节长度，沿等反射系数圆转动的起始点是开路点（坐标为 $(-1,0)$），转动方向依然是由终端向源端顺时针转动。如果使用串联单支节，原理与并联单支节匹配过程类似，即在线上归一化阻抗为 $1\pm jx$ 处串联 $\mp jx$ 的电抗支节就可以实现。

在 Smith 圆图中，匹配点为圆心，对于单支节匹配器，匹配过程在 Smith 圆图中走过的路径如图 4.15 所示，在等反射系数圆上转动，与 $g=1$ 的等电导圆相交，在交点并联支节，并联支节的电纳抵消此处的电纳，即 $1+jb-jb=1$，则从 A 点到 B 点，再到圆心 O 点，实现匹配。

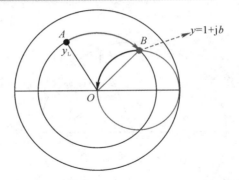

图 4.15　单支节匹配在 Smith 圆图中走过的路径

4.4　双支节匹配器

　　从上一节单支节匹配过程来看，确定好支节位置 d 和支节长度 l 的值后，如果负载发生了变化，仅改变支节长度 l 的值是无法再次实现匹配的，支节位置 d 和支节长度 l 的值都要重新计算，这不便于实际应用。在实际应用中，希望支节的位置不变，根据负载情况通过调节支节的长度进行匹配，这就需要使用双支节匹配器来实现。

　　双支节匹配器的匹配思想是：使用两个支节并固定它们在传输线上的并联位置 d_1 和 d_2，这样只调节支节自身的长度 l_1 和 l_2 就可以实现匹配。双支节匹配器如图 4.16 所示。双支节匹配就是在已知 d_1 和 d_2 的条件下求解两个支节长度 l_1 和 l_2 的过程。一般情况下，d_1 已知，d_2 固定为 $\lambda/8$、$\lambda/4$ 或者 $3\lambda/8$。

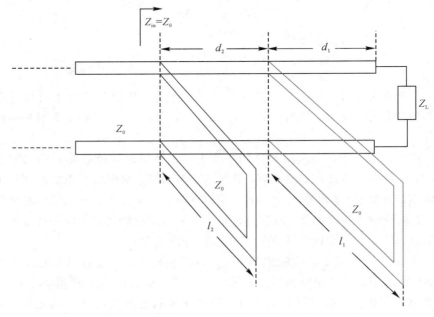

图 4.16　双支节匹配器

　　下面在 d_1 确定，d_2 选取 $\lambda/8$ 的前提条件下说明双支节匹配的设计与实现过程，如图 4.17 所示。已知第一个支节在传输线上并联的位置为 d_1，在未并联支节之前，该处的归一化输入导纳为 $y_1 = g_0 + jb_0$；并联第一个支节后，该处的归一化输入导纳为

$$y_{\text{in1}} = y_1 + y_{\text{b1}} = g_0 + jb_0 + jb_1 \qquad (4.18)$$

 笔记

　　继续沿着传输线向源端移动 $\lambda/8$ 后，要求该归一化输入导纳为式（4.19）的形式，其后的步骤和单支节匹配求支节长度相同。

$$y_2 = 1 \pm jb_2 \qquad (4.19)$$

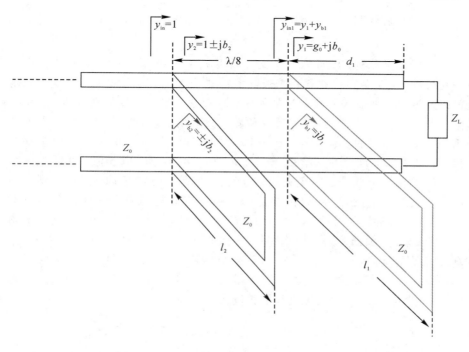

图 4.17　双支节匹配器的设计与实现

　　这里要强调的是，加入第一个支节后，沿着传输线向源端移动 $\lambda/8$ 后，归一化输入导纳必须为式（4.19）的形式，只有变为 $1 \pm jb_2$ 再并联第二个支节后，才能使传输线上的 $y_{\text{in}} = 1$，实现匹配。所以并联第一个支节需提供的电纳 jb_1 的取值取决于式（4.19），也就是说，要求出 jb_1 为多少时，y_{in1} 沿着传输线向源端移动 $\lambda/8$ 后归一化输入导纳为 $1 \pm jb_2$。$\pm jb_2$ 为第二个支节提供的电纳。下面用 Smith 圆图来解决这个问题。

　　为了把"沿着传输线向源端移动 $\lambda/8$ 后归一化输入导纳为 $1 \pm jb_2$"这个问题落实到 Smith 圆图中，需要引入一个辅助圆，图 4.18 中虚线所表示的圆就是 $\lambda/8$ 辅助圆。辅助圆上的点沿着该点所在的等反射系数圆向源端移动 $\lambda/8$ 后，将和 $g = 1$ 的等电导圆上的点重合，这意味着加入第一个支节后的归一化输入导纳只要在辅助圆上再向源端移动 $\lambda/8$，就一定可以变为 $1 \pm jb_2$ 的形式，因为等电导圆上各点对应的归一化电导为 1。

笔记

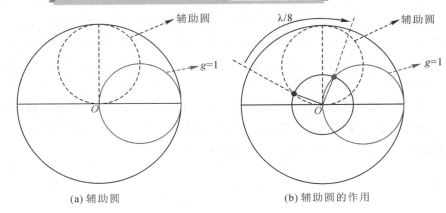

(a) 辅助圆   (b) 辅助圆的作用

图 4.18   辅助圆示意图

根据以上分析，求解第一个支节长度 l_1 的问题就变为：如何使负载导纳在移动 d_1/λ 距离再并联一个长度为 l_1 的支节后与辅助圆相交？这个问题可以通过以下两步来回答。首先在 Smith 圆图上确定等反射系数圆，然后确定负载导纳在移动 d_1/λ 距离后的位置，如图 4.19(a) 所示。图中 A 点就是第一个支节并联的位置，$y_1 = g_0 + jb_0$，读出对应的电纳值为 b_0。由于支节只提供电纳值，因此并联第一个支节 jb_1 后，不会改变电导值。并联第一个支节反映在 Smith 圆图上就是沿着 $g = g_0$ 的等电导圆移动，当移动到与辅助圆相交的两个点时，可以读出这两个点对应的电纳值，即图中 B 点和 C 点对应的电纳值：b_0' 和 b_0''，A、B、C 三点均在 $g = g_0$ 的等电导圆上，如图 4.19(b) 所示。根据读数可以求出第一个并联支节所需要提供的电纳值，分别为 $b_0' - b_0$ 和 $b_0'' - b_0$，然后根据单支节匹配求解支节长度的步骤很容易求出第一个支节长度 l_1，即 l_1 为终端短路（或者开路）且归一化输入导纳为 $j(b_0' - b_0)$ 或 $j(b_0'' - b_0)$ 的传输线的长度。

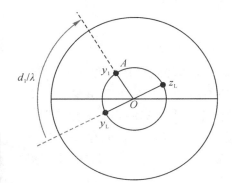
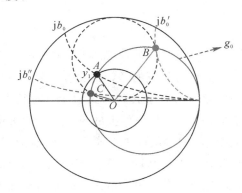

(a) 第一个支节并联的位置   (b) 沿着 $g = g_0$ 的等电导圆移动确定第一个支节的电纳值

图 4.19   求第一个支节长度的过程

由于第一个支节长度 l_1 有两个解，下面以其中一个解为例来求第二个支节长度 l_2。如图 4.20 所示，以 B 点的解为例，B 点处的归一化导纳为 y_{in1}，沿等反射系数圆向源端移动 $\lambda/8$ 后，与 $g = 1$ 的等电导圆相交于 D 点，读出对应的归一化输入导纳为 $1 - jb_2$，所以并联的第二个支节的导纳应为

$+jb_2$，然后根据单支节匹配求解支节长度的步骤求出第二个支节长度 l_2。可以看出双支节匹配器也有两组值，一般选取 l_1 和 l_2 较短的一组。

✎ 笔记

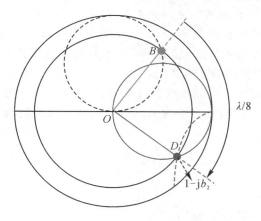

图 4.20　求第二个支节长度的过程

由于在双支节匹配中两个支节的位置是已知的，因此求出两个支节的长度 l_1 和 l_2 后，就完成了匹配设计。

例 4.3　已知特性阻抗为 $Z_0 = 50\ \Omega$ 的无损耗传输线，终端接有 $Z_L = (125+j50)\Omega$ 的负载，利用终端短路并联双支节进行无反射匹配，支节的特性阻抗与传输线的特性阻抗相同，已知第一个支节距离负载 $d_1 = 0.1\lambda$，两个支节间的距离 $d_2 = \lambda/8$，求两个支节的长度 l_1 和 l_2。

解　（1）确定等反射系数圆与归一化负载导纳：

已知条件中给出了终端负载，所以先把 Z_L 对 Z_0 进行归一化：

$$z_L = \frac{Z_L}{Z_0} = \frac{125+j50}{50} = 2.5+j = r_L+jx_L$$

根据上式中 r_L 和 x_L 的值确定等反射系数圆，第一个支节并联的位置如图 4.21 所示，L 点为负载在等反射系数圆上对应的点，把 OL 反向延长与等反射系数圆相交于 Y 点，Y 点对应的 r，x 值为归一化负载导纳 y_L，再沿等反射系数圆顺时针转动 0.1λ 到 A 点，A 点就是第一个并联支节的位置。没有并联支节前，A 点对应的归一化输入导纳 $y_1 = 0.42+j0.44$。

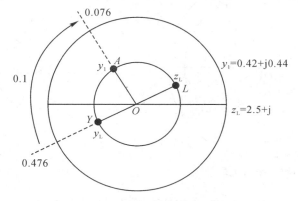

图 4.21　例 4.3 中第一个支节并联的位置

笔记

（2）求解第一个支节长度 l_1：

在 A 点确定的基础上，画出辅助圆与 $g_0 = 0.42$ 的等电导圆，辅助圆与 $g_0 = 0.42$ 的等电导圆的两个交点分别为 B 和 C，如图 4.22 所示。从图中可以读出 B 点对应的电纳值 $b_0' = 1.8$，C 点对应的电纳值 $b_0'' = 0.18$，A、B、C 三点均在 $g_0 = 0.42$ 的等电导圆上。根据三点对应电纳的读数差值可以求出第一个并联支节所需要提供的电纳值，分别为 $b_0' - b_0 = 1.36$ 和 $b_0'' - b_0 = -0.26$；然后根据单支节匹配求解支节长度的过程可以求出第一个支节长度 l_1，即 l_1 为终端短路且归一化输入导纳为 j1.36 或 −j0.26 的传输线的长度，l_1 有两组值：

$$l_1 \approx \begin{cases} 0.398\lambda \\ 0.058\lambda \end{cases}$$

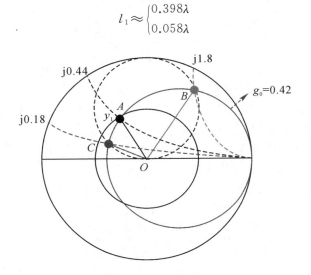

图 4.22 例 4.3 中第一个支节长度的求解过程

（3）求解第二个支节长度 l_2：

先求 B 点所关联的 l_2，如图 4.23(a) 所示，画出 $g = 1$ 的等电导圆和 B 点所在的等反射系数圆，两个圆的交点就是第二个支节并联的位置（有两个

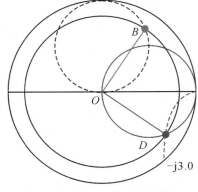

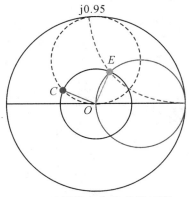

(a) l_2 的第一个值求解过程　　　　　(b) l_2 的第二个值求解过程

图 4.23 例 4.3 中第二个支节长度的求解过程

交点,选相距 $\lambda/8$ 的点),即图中的 D 点,读出 D 点对应的电纳值为 -3.0,并联的第二个支节的电纳值应为 $+b_2=+3.0$,根据单支节匹配求解支节长度的过程可以求出对应的 $l_2\approx0.448\lambda$。

再求 C 点所关联的 l_2,如图 4.23(b)所示,画出 $g=1$ 的等电导圆和 B 点所在的等反射系数圆,两个圆的交点就是第二个支节并联的位置,即图中的 E 点,读出 E 点对应的电纳值为 0.95,并联的第二个支节的电纳值应为 $-b_2=-0.95$,根据单支节匹配求解支节长度的过程可以求出对应的 $l_2\approx0.128\lambda$。

综合 l_1 和 l_2 的值,选取长度较短的一组值为

$$\begin{cases} l_1\approx0.058\lambda \\ l_2\approx0.128\lambda \end{cases}$$

双支节匹配存在盲区,图 4.19 中的 A 点不能落在盲区。如图 4.24(a)、(b)、(c)所示,如果 A 点落在了盲区里,无论怎样在等电导圆上移动,也无法与辅助圆相交,即无论怎样调节第一个支节的长度都无法使第二个支节处的归一化输入导纳满足式(4.19)的形式,不能实现无反射匹配。避免落入盲区可以通过增加支节或者设置好第一个支节的位置来实现。

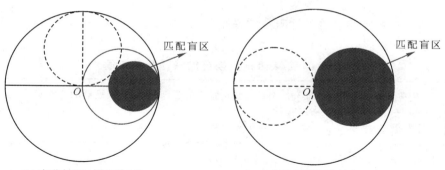

(a) 支节间距 d_2 固定为 $\lambda/8$　　　　　　(b) 支节间距 d_2 固定为 $\lambda/4$

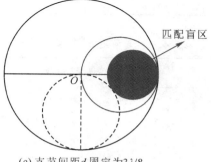

(c) 支节间距 d_2 固定为 $3\lambda/8$

图 4.24　匹配盲区

笔记

4.5　本章小结

　　本章主要介绍了阻抗匹配的概念和 Smith 圆图在阻抗匹配中的应用，对 $\lambda/4$ 阻抗变换器、单支节匹配器、双支节匹配器进行了重点介绍。在微波工程中，阻抗匹配是系统设计的必要部分，比如在微波放大器和振荡器的设计中，需要在有源的电路中插入无源的匹配网络。使用 Smith 圆图进行无反射匹配设计的关键是如何通过等效电抗性元件的加入使传输线归一化输入阻抗回到匹配点，如何通过合适的路径回到匹配点，既要在等反射系数圆上移动以寻找合适的加入等效电抗性元件的位置，也需要在电纳圆上移动，通过电纳抵消回到匹配点。需注意：同一问题可能有多种实现方案，要综合考虑简单性、带宽、可实现性和可调整性等多种因素。

4.6　本章主要知识表格

　　$\lambda/4$ 阻抗变换器的特性阻抗求解如表 4.1 所示。支节匹配求解过程如表 4.2 所示。

表 4.1　$\lambda/4$ 阻抗变换器的特性阻抗求解

负载 Z_L 情况	插入 $\lambda/4$ 阻抗变换器的位置	$\lambda/4$ 阻抗变换器的特性阻抗 Z_{01}
纯电阻 $Z_L = R_L$	在负载处	$Z_{01} = \sqrt{Z_0 R_L}$
复数负载 $Z_L = R_L + jX_L$	在电压波腹点处	$Z_{01} = Z_0 \sqrt{\rho}$
复数负载 $Z_L = R_L + jX_L$	在电压波节点处	$Z_{01} = Z_0 \sqrt{\dfrac{1}{\rho}}$

表 4.2　支节匹配求解过程

匹配形式		匹配过程
单支节匹配	第一步：求支节并联的位置 d	等反射系数圆与 $g=1$ 的等电导圆有两个交点，对应归一化导纳分别为 $1+jb$ 和 $1-jb$，这两个交点就是支节并联的位置，由负载导纳到这两个交点的距离就是 $d(d$ 有两个值)
	第二步：求支节的长度 l	特性阻抗为 Z_0，求解长度 l 为多少的终端短路（开路）传输线的归一化输入导纳为 $\pm jb$。l 有两个值

笔记

匹配形式	匹配过程	
双支节匹配	已知条件：支节1 的位置 d_1	由已知条件给出
	已知条件：支节2 的位置 d_2	一般固定为 $\lambda/8$、$\lambda/4$ 或者 $3\lambda/8$，由已知条件给出
	第一步：求支节1 的长度 l_1	第一个并联支节所需要提供的导纳值，分别为 $j(b_0'-b_0)$ 和 $j(b_0''-b_0)$，然后根据单支节匹配求解支节长度的过程可以很容易地求出第一个支节长度 l_1（l_1 有两个值） jb_0：负载导纳沿着等反射系数圆移动 d_1/λ 距离后就是第一个支节并联的位置，读出此处的导纳为 $y_1=g_0+jb_0$ jb_0' 和 jb_0''：从 y_1 点处出发沿着 $g=g_0$ 的等电导圆移动，当移动到与辅助圆相交的两个点时，可以读出这两个点对应的电纳值 b_0' 和 b_0''
	第二步：求支节2 的长度 l_2	l_2 有两个值，以其中一个值的求解为例。g_0+jb_0' 点沿等反射系数圆向源端移动 $\lambda/8$ 后，与 $g=1$ 的等电导圆相交于一点，读出该点对应的归一化输入导纳为 $1-jb_2$，所以并联的第二个支节的电纳值应为 $+jb_2$，然后根据单支节匹配求解支节长度的过程可以求出第二个支节长度 l_2

4.7 本章习题

（1）已知特性阻抗为 $Z_0=50\ \Omega$ 的无损耗传输线，终端接有 $Z_L=(100-j50)\Omega$ 的负载，利用终端短路并联单支节进行无反射匹配，支节的特性阻抗与传输线的特性阻抗相同，求支节位置 d 和支节长度 l。

（2）已知特性阻抗为 $Z_0=50\ \Omega$ 的无损耗传输线，终端接有 $Z_L=(300+j150)\Omega$ 的负载，利用终端短路并联单支节进行无反射匹配，支节的特性阻抗与传输线的特性阻抗相同，求支节位置 d 和支节长度 l。

（3）已知特性阻抗为 $Z_0=50\ \Omega$ 的无损耗传输线，终端接有 $Z_L=(75+j50)\Omega$ 的负载，利用终端开路并联单支节进行无反射匹配，支节的特性阻抗与传输线的特性阻抗相同，求支节位置 d 和支节长度 l。

（4）已知特性阻抗为 $Z_0=50\ \Omega$ 的无损耗传输线，终端接有 $Z_L=(100+j25)\Omega$ 的负载，利用终端开路并联单支节进行无反射匹配，支节的特性阻抗与传输线的特性阻抗相同，求支节位置 d 和支节长度 l。

（5）已知特性阻抗为 $Z_0=50\ \Omega$ 的无损耗传输线，终端接有 $Z_L=(200+j100)\Omega$ 的负载，利用终端短路并联双支节进行无反射匹配，支节的特性阻抗与传输线的特性阻抗相同，已知第一个支节与负载的距离 $d_1=0.12\lambda$，两个支节间的距离 $d_2=\lambda/8$，求两个支节的长度 l_1 和 l_2。

第 5 章　结构——规则波导

波导是用来定向引导电磁波传输的单导体结构，规则波导是各种截面形状的无限长空心金属管，其截面形状、尺寸、管壁材料及管内介质沿其轴向均保持不变。规则波导的管壁一般选用铜、铝等金属材料，有时内壁上镀金或银。规则波导把被传输的电磁波完全限制在金属结构内，避免了电磁能量的辐射损耗，可以实现大功率容量的微波传输。矩形波导和圆波导是常见的规则波导，本章主要回答如下问题：

(1) 波导结构的由来？

(2) 如何分析波导？

(3) 什么是矩形波导，其中的场分布是怎样的？

(4) 什么是圆波导，其中的场分布是怎样的？

5.1　波 导 的 结 构

传输线是用来传输电磁能量和信息的装置，在实际应用时发现，当双导线上的工作频率很高，波长很短（短到与两根导线间的距离可以相比拟）时，能量会通过导线辐射到空间，而被损耗掉。作为用来传输电磁能量装置的双导线，此时就不能在微波传输中使用。

既然双导线无法把能量限制在微波传输系统内，那么为了避免能量通过导线辐射到空间，可以把传输系统做成封闭的形式，比如同轴线，如图5.1(a)所示，电磁场就可以完全被限制在内外导体之间，从而消除辐射损耗。

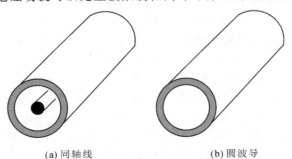

(a) 同轴线　　　　　　　　(b) 圆波导

图 5.1　同轴线与圆波导

但同轴线也存在一些问题，随着工作频率的继续提高，同轴线横截面尺寸必须相应减少，才能保证它只工作于 TEM 模式，但这又会导致导体损耗增加，且损耗主要集中在内导体上，横截面尺寸减少也限制了它的传输功率，所以同轴线不可能工作于很高的频率，其功率容量也比较小。

　　由双导线到同轴线，在逐步克服频率上升所带来问题的同时又出现了新的问题。既然较小的内导体使同轴线导体损耗增大且传输功率容量受限，那么索性把同轴线的内导体去掉，变成空心的是不是就可以解决这个问题呢？新的问题是去掉内导体的空心金属管还能传输电磁波吗？答案是肯定的，理论和实验都证明这是可行的，这种空心的金属结构就是波导，图 5.1(b)所示为波导的一种——圆波导。波导就是用来定向引导电磁波传输的单导体结构。波导的横截面是矩形时，其为矩形波导；其横截面是圆形时，其为圆形波导。波导具有损耗小、功率容量大等特点，适合在一些大型精密的微波系统中使用。对波导的传输特性分析需要采用电磁场理论。

✎ 笔记

5.2　麦克斯韦方程组与波动方程

　　麦克斯韦方程组是研究宏观电磁现象的理论基础，麦克斯韦方程组是一组描述电场、磁场与电荷密度、电流密度之间关系的偏微分方程，如式(5.1)～式(5.4)所示，它揭示了电场和磁场相互作用的完美统一。

$$\nabla \times \boldsymbol{E} = -\frac{\partial \boldsymbol{B}}{\partial t} \tag{5.1}$$

$$\nabla \times \boldsymbol{H} = \boldsymbol{J} + \frac{\partial \boldsymbol{D}}{\partial t} \tag{5.2}$$

$$\nabla \cdot \boldsymbol{D} = \rho \tag{5.3}$$

$$\nabla \cdot \boldsymbol{B} = 0 \tag{5.4}$$

式中，$\boldsymbol{E}$ 为电场强度(V/m)，$\boldsymbol{B}$ 为磁通量密度(Wb/m^2)，$\boldsymbol{H}$ 为磁场强度(A/m)，$\boldsymbol{J}$ 为电流密度(A/m^2)，$\boldsymbol{D}$ 为电通量密度(C/m^2)，ρ 为电荷密度(C/m^3)。

　　电磁场的各矢量之间还满足如下关系：

$$\boldsymbol{D} = \varepsilon \boldsymbol{E} \tag{5.5}$$

$$\boldsymbol{B} = \mu \boldsymbol{H} \tag{5.6}$$

$$\boldsymbol{J} = \sigma \boldsymbol{E} \tag{5.7}$$

式中，ε、μ、σ 是表征媒质电磁性质的三个特性参量，ε 为介电常数，μ 为磁导率，σ 为电导率。空气的介电常数和磁导率与真空的对应参量非常接近，所以一般可以近似地认为空气的介电常数和磁导率与真空中的介电常数 ε_0和磁导率 μ_0相等。空气的电导率是随温度、气压等变化的，但一般情况下认为其接近于 0。

　　在微波领域，常见的是均匀、线性、各向同性媒质，在这种媒质中，三个特性参量 ε、μ、σ 均不随空间坐标而变化，和场强无关(线性)，且在各个

笔记

方向上的数值均相同，对于均匀、线性、各向同性媒质，可以按式(5.8)和式(5.9)定义其相对介电常数 ε_r 和相对磁导率 μ_r。

$$\varepsilon = \varepsilon_r \varepsilon_0 \tag{5.8}$$

$$\mu = \mu_r \mu_0 \tag{5.9}$$

对于时变电磁场(电场和磁场都随时间变化)，场量 $\boldsymbol{E}$、$\boldsymbol{H}$ 都是空间三维坐标 x，y，z 和时间 t 的函数。在空间中，场量 $\boldsymbol{E}$、$\boldsymbol{H}$ 又都是空间矢量，可由三个分量表示。例如，电场强度 $\boldsymbol{E}$ 在直角坐标系中可以写成如式(5.10)所示的形式，在每个方向上都是 x，y，z 和时间 t 的函数。

$$\boldsymbol{E}(x,y,z;t) = \hat{\boldsymbol{x}}E_x(x,y,z;t) + \hat{\boldsymbol{y}}E_y(x,y,z;t) + \hat{\boldsymbol{z}}E_z(x,y,z;t) \tag{5.10}$$

式中，$\hat{\boldsymbol{x}}$，$\hat{\boldsymbol{y}}$，$\hat{\boldsymbol{z}}$ 分别为 x，y，z 方向上的单位矢量。

对于时谐电磁场(电场和磁场随时间按正弦或者余弦函数规律变化)，电场强度 $\boldsymbol{E}$ 的瞬时值 $e(t)$ 可以表示为

$$e(t) = \hat{\boldsymbol{x}}E_x(x,y,z)\cos(\omega t + \varphi_x) + \hat{\boldsymbol{y}}E_y(x,y,z)\cos(\omega t + \varphi_y) +$$
$$\hat{\boldsymbol{z}}E_z(x,y,z)\cos(\omega t + \varphi_z) \tag{5.11}$$

定义其复数振幅为 $\dot{\boldsymbol{E}}(x,y,z)$，则有：

$$\dot{\boldsymbol{E}}(x,y,z) = \hat{\boldsymbol{x}}\dot{E}_x(x,y,z) + \hat{\boldsymbol{y}}\dot{E}_y(x,y,z) + \hat{\boldsymbol{z}}\dot{E}_z(x,y,z)$$
$$= \hat{\boldsymbol{x}}E_x(x,y,z)e^{j\varphi_x} + \hat{\boldsymbol{y}}E_y(x,y,z)e^{j\varphi_y} + \hat{\boldsymbol{z}}E_z(x,y,z)e^{j\varphi_z} \tag{5.12}$$

也就是说，只要将 $\dot{\boldsymbol{E}}(x,y,z)$ 乘以 $e^{j\omega t}$ 再取实部，就可以得到电场强度 $\boldsymbol{E}$ 的瞬时值 $e(t)$，如式(5.13)所示。

$$e(t) = \text{Re}[\dot{\boldsymbol{E}}(x,y,z)e^{j\omega t}]$$
$$= \text{Re}[\hat{\boldsymbol{x}}E_x(x,y,z)e^{j(\omega t + \varphi_x)} + \hat{\boldsymbol{y}}E_y(x,y,z)e^{j(\omega t + \varphi_y)} + \hat{\boldsymbol{z}}E_z(x,y,z)e^{j(\omega t + \varphi_z)}]$$
$$= \hat{\boldsymbol{x}}E_x(x,y,z)\cos(\omega t + \varphi_x) + \hat{\boldsymbol{y}}E_y(x,y,z)\cos(\omega t + \varphi_y) +$$
$$\hat{\boldsymbol{z}}E_z(x,y,z)\cos(\omega t + \varphi_z) \tag{5.13}$$

如果将所有的场量都作复数表示，再乘以 $e^{j\omega t}$ 后代入到麦克斯韦方程组中，就可以得到复数形式的麦克斯韦方程组。对于无源区域，即 $\rho = 0$ 时，复数形式的麦克斯韦方程组为

$$\nabla \times \boldsymbol{E} = -j\omega\mu\boldsymbol{H} \tag{5.14}$$

$$\nabla \times \boldsymbol{H} = (\sigma + j\omega\varepsilon)\boldsymbol{E} \tag{5.15}$$

$$\nabla \cdot \boldsymbol{E} = 0 \tag{5.16}$$

$$\nabla \cdot \boldsymbol{H} = 0 \tag{5.17}$$

其中，当媒质为理想介质时，$\sigma = 0$。式中 $\boldsymbol{E}$、$\boldsymbol{H}$ 均为复数矢量，为了简化运算，均省去了上面的一点，以下不再说明。

对式(5.14)取旋度：

$$\nabla \times (\nabla \times \boldsymbol{E}) = -j\omega\mu(\nabla \times \boldsymbol{H}) \tag{5.18}$$

把式(5.15)代入式(5.18)中，并考虑理想介质时 $\sigma = 0$，有

$$\nabla \times (\nabla \times \boldsymbol{E}) = \omega^2 \varepsilon \mu \boldsymbol{E} \tag{5.19}$$

✐ 笔记

由于拉普拉斯算子 ∇^2 作用在 $\boldsymbol{E}$ 上时，可以表示为

$$\nabla^2 \boldsymbol{E} = \nabla(\nabla \cdot \boldsymbol{E}) - \nabla \times (\nabla \times \boldsymbol{E}) \tag{5.20}$$

因此，当把式(5.16)和式(5.19)代入式(5.20)中，有

$$\nabla^2 \boldsymbol{E} + \omega^2 \varepsilon \mu \boldsymbol{E} = 0 \tag{5.21}$$

同理可以得到：

$$\nabla^2 \boldsymbol{H} + \omega^2 \varepsilon \mu \boldsymbol{H} = 0 \tag{5.22}$$

式(5.21)和式(5.22)就是关于电场和磁场的波动方程。

波动方程可以进一步表示为

$$\begin{cases} \nabla^2 \boldsymbol{E} + k^2 \boldsymbol{E} = 0 \\ \nabla^2 \boldsymbol{H} + k^2 \boldsymbol{H} = 0 \end{cases} \tag{5.23}$$

式中，$k^2 = \omega^2 \varepsilon \mu$，在电磁波中，$k$ 与波长之间关系为 $k = 2\pi/\lambda$。

由以上推导可见，波动方程是由麦克斯韦方程组导出的、描述电磁场波动现象的一组微分方程。

5.3　导行波的形式

沿着微波导行系统定向传输的电磁波称为导行波。研究导行波在波导中的传输，目的是求出波导中任一点处的 $\boldsymbol{E}(x, y, z; t)$ 和 $\boldsymbol{H}(x, y, z; t)$ 的表达式，并得到电场和磁场的分布规律。由于波导是一个封闭的有限空间结构，因此这个问题的解决方法是在波导的边界条件下求解麦克斯韦方程组。对于微波中媒质为均匀、线性，各向同性的无源时谐场来说，第 5.2 节通过麦克斯韦方程组分别给出了关于电场和磁场的波动方程，继续对波动方程求解便可以得到电场和磁场的具体表达式。

对波动方程这种矢量偏微分方程的求解，分为以下三个步骤。

(1) 在波动方程中使用分离变量法，$\boldsymbol{E}$ 和 $\boldsymbol{H}$ 都是 x，y，z 的函数，其中，z 指向的是传输系统的轴向，即导行波的传播方向，如图 5.2 所示。根据分离变量法可以对 z 进行分离变量，分离变量后得到一个关于 z 的二阶常系数微分方程，求出 z 的通解。

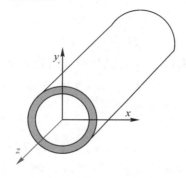

图 5.2　波导中的坐标系

笔记

(2) 对 z 进行分离变量并求出 z 的通解后，剩下的是 $\boldsymbol{E}$ 和 $\boldsymbol{H}$ 关于 x，y 的二阶偏微分方程。由于这种矢量二阶偏微分方程难以直接求解，需要将 $\boldsymbol{E}$ 和 $\boldsymbol{H}$ 分解为六个分量：$E_x(x，y)$，$H_x(x，y)$，$E_y(x，y)$，$H_y(x，y)$，$E_z(x，y)$，$H_z(x，y)$。把其中的 $E_z(x，y)$，$H_z(x，y)$ 两个纵向分量作为独立分量，再利用麦克斯韦方程中的 (5.14) 和 (5.15) 公式导出其余四个横向分量与两个纵向分量的关系，于是六个分量只需要求解 $E_z(x，y)$，$H_z(x，y)$ 两个分量即可。

(3) 结合规则波导的边界条件求解出 $E_z(x，y)$，$H_z(x，y)$ 的具体表达式，再综合 (1) 和 (2) 得到波导中任一点处 $\boldsymbol{E}(x，y，z)$ 和 $\boldsymbol{H}(x，y，z)$ 的表达式，乘以 $\mathrm{e}^{\mathrm{j}\omega t}$ 后，$\boldsymbol{E}(x，y，z；t)$ 和 $\boldsymbol{H}(x，y，z；t)$ 也得以确定。

接下来将按照上述思路求解 $\boldsymbol{E}(x，y，z；t)$ 和 $\boldsymbol{H}(x，y，z；t)$，先进行第一步：

(1) 对 z 进行分离变量，求 z 的通解。

以求电场强度 $\boldsymbol{E}$ 为例，对 z 进行分离变量，有：

$$\boldsymbol{E}(x，y，z)=\boldsymbol{E}(x，y)Z(z) \tag{5.24}$$

式中，$\boldsymbol{E}(x，y)$ 为电场在横截面上的分布函数，为矢量

$$\boldsymbol{E}(x，y)=\hat{\boldsymbol{x}}E_x(x，y)+\hat{\boldsymbol{y}}E_y(x，y)+\hat{\boldsymbol{z}}E_z(x，y) \tag{5.25}$$

把式 (5.24) 代入式 (5.23) 中，有

$$\nabla^2\big[\boldsymbol{E}(x，y)Z(z)\big]+k^2\boldsymbol{E}(x，y)Z(z)=0 \tag{5.26}$$

在直角坐标系下，拉普拉斯算子 ∇^2 可以表示为

$$\nabla^2=\nabla^2_{\mathrm{T}}+\frac{\partial^2}{\partial z^2}=\frac{\partial^2}{\partial x^2}+\frac{\partial^2}{\partial y^2}+\frac{\partial^2}{\partial z^2} \tag{5.27}$$

于是，整理式 (5.26)，引入一个常数 γ^2，根据 x，y，z 均为独立变量这一条件，可以得到以下两个方程：

$$\frac{\mathrm{d}^2Z(z)}{\mathrm{d}z^2}-\gamma^2Z(z)=0 \tag{5.28}$$

$$\big[\nabla^2_{\mathrm{T}}+(k^2+\gamma^2)\big]\boldsymbol{E}(x，y)=0 \tag{5.29}$$

式 (5.28) 是一个关于 $Z(z)$ 的二阶常微分方程，其通解为

$$Z(z)=A_+\mathrm{e}^{-\gamma z}+A_-\mathrm{e}^{\gamma z} \tag{5.30}$$

整理为

$$Z(z)=A_{\pm}\mathrm{e}^{\mp\gamma z} \tag{5.31}$$

将其代入式 (5.24) 中，乘以 $\mathrm{e}^{\mathrm{j}\omega t}$，得到导行波电场 $\boldsymbol{E}$ 的通解：

$$\boldsymbol{E}(x，y，z；t)=\boldsymbol{E}(x，y，z)\mathrm{e}^{\mathrm{j}\omega t}=\boldsymbol{E}(x，y)\mathrm{e}^{\mathrm{j}\omega t\mp\gamma z} \tag{5.32}$$

式中，系数 $A_{\pm}$ 包含在 $\boldsymbol{E}(x，y)$ 中。

同理可得：

$$\boldsymbol{H}(x，y，z；t)=\boldsymbol{H}(x，y，z)\mathrm{e}^{\mathrm{j}\omega t}=\boldsymbol{H}(x，y)\mathrm{e}^{\mathrm{j}\omega t\mp\gamma z} \tag{5.33}$$

式 (5.32) 和式 (5.33) 表明了导行波各场量随 z 的变化规律取决于 γ 的性质。

① 当 γ 为纯虚数（$\gamma = j\beta$）时，导行波各场量随 z 等幅波动，沿 $\pm z$ 方向传播；

② 当 γ 为纯实数（$\gamma = \alpha$）时，导行波各场量随 z 幅度衰减，处于截止状态。

于是，称 γ 为传播常数。

对 z 进行分离变量求并出 z 的通解后，进行第二步：

（2）求横向分量与纵向分量的关系。

根据麦克斯韦方程组：

$$\nabla \times \boldsymbol{E} = -j\omega\mu\boldsymbol{H} \tag{5.34}$$

$$\nabla \times \boldsymbol{H} = j\omega\varepsilon\boldsymbol{E} \tag{5.35}$$

将式（5.34）和式（5.35）展开：

$$\nabla \times \boldsymbol{E} = \begin{vmatrix} \hat{\boldsymbol{x}} & \hat{\boldsymbol{y}} & \hat{\boldsymbol{z}} \\ \dfrac{\partial}{\partial x} & \dfrac{\partial}{\partial y} & \dfrac{\partial}{\partial z} \\ E_x & E_y & E_z \end{vmatrix} = -j\omega\mu\boldsymbol{H} \tag{5.36}$$

$$\nabla \times \boldsymbol{H} = \begin{vmatrix} \hat{\boldsymbol{x}} & \hat{\boldsymbol{y}} & \hat{\boldsymbol{z}} \\ \dfrac{\partial}{\partial x} & \dfrac{\partial}{\partial y} & \dfrac{\partial}{\partial z} \\ H_x & H_y & H_z \end{vmatrix} = j\omega\varepsilon\boldsymbol{E} \tag{5.37}$$

进一步，由式（5.36）和式（5.37）展开可得：

$$\begin{cases} \dfrac{\partial E_z}{\partial y} - \dfrac{\partial E_y}{\partial z} = -j\omega\mu H_x \\[2mm] \dfrac{\partial E_x}{\partial z} - \dfrac{\partial E_z}{\partial x} = -j\omega\mu H_y \\[2mm] \dfrac{\partial E_y}{\partial x} - \dfrac{\partial E_x}{\partial y} = -j\omega\mu H_z \end{cases} \tag{5.38}$$

$$\begin{cases} \dfrac{\partial H_z}{\partial y} - \dfrac{\partial H_y}{\partial z} = j\omega\varepsilon E_x \\[2mm] \dfrac{\partial H_x}{\partial z} - \dfrac{\partial H_z}{\partial x} = j\omega\varepsilon E_y \\[2mm] \dfrac{\partial H_y}{\partial x} - \dfrac{\partial H_x}{\partial y} = j\omega\varepsilon E_z \end{cases} \tag{5.39}$$

由于式（5.36）和式（5.37）中的场量都没有分离变量，还都是 x，y，z 的函数，因此在传播条件下（当 $\gamma = j\beta$ 时），可以表示为

$$\begin{cases} \boldsymbol{E}(x, y, z) = \boldsymbol{E}(x, y)\mathrm{e}^{\mp j\beta z} \\ \boldsymbol{H}(x, y, z) = \boldsymbol{H}(x, y)\mathrm{e}^{\mp j\beta z} \end{cases} \tag{5.40}$$

式中，"$\mp$"表示沿 z 轴正、负两个方向传播的两个波。

将式（5.40）代入式（5.36）式（5.37）中，就可以进一步把式（5.38）

笔记

和式(5.39)展开写为

$$
\begin{cases}
\dfrac{\partial E_z}{\partial y} \pm \mathrm{j}\beta E_y = -\mathrm{j}\omega\mu H_x \\[2mm]
\mp \mathrm{j}\beta E_x - \dfrac{\partial E_z}{\partial x} = -\mathrm{j}\omega\mu H_y \\[2mm]
\dfrac{\partial E_y}{\partial x} - \dfrac{\partial E_x}{\partial y} = -\mathrm{j}\omega\mu H_z
\end{cases}
\tag{5.41}
$$

$$
\begin{cases}
\dfrac{\partial H_z}{\partial y} \pm \mathrm{j}\beta H_y = \mathrm{j}\omega\varepsilon E_x \\[2mm]
\mp \mathrm{j}\beta H_x - \dfrac{\partial H_z}{\partial x} = \mathrm{j}\omega\varepsilon E_y \\[2mm]
\dfrac{\partial H_y}{\partial x} - \dfrac{\partial H_x}{\partial y} = \mathrm{j}\omega\varepsilon E_z
\end{cases}
\tag{5.42}
$$

式中，E_x，E_y，E_z，H_x，H_y，H_z 均为 x，y 的函数。

由式(5.41)和式(5.42)解出 E_x，E_y，H_x，H_y，得到由两个纵向分量表示的四个横向分量，如式(5.43)～式(5.46)所示。

$$
E_x = \frac{\mathrm{j}}{k_{\mathrm{c}}^2}\left(\mp\beta\frac{\partial E_z}{\partial x} - \omega\mu\frac{\partial H_z}{\partial y} \right)
\tag{5.43}
$$

$$
E_y = \frac{\mathrm{j}}{k_{\mathrm{c}}^2}\left(\mp\beta\frac{\partial E_z}{\partial y} + \omega\mu\frac{\partial H_z}{\partial x} \right)
\tag{5.44}
$$

$$
H_x = \frac{\mathrm{j}}{k_{\mathrm{c}}^2}\left(\omega\varepsilon\frac{\partial E_z}{\partial y} \mp \beta\frac{\partial H_z}{\partial x} \right)
\tag{5.45}
$$

$$
H_y = \frac{\mathrm{j}}{k_{\mathrm{c}}^2}\left(-\omega\varepsilon\frac{\partial E_z}{\partial x} \mp \beta\frac{\partial H_z}{\partial y} \right)
\tag{5.46}
$$

式中，$k_{\mathrm{c}}^2 = k^2 + \gamma^2 = k^2 - \beta^2$，$k_{\mathrm{c}}$ 称为截止波数。

由于 k 与波长 λ 的关系为 $k = 2\pi/\lambda$，以此为参照，定义截止波数 k_{c} 与截止波长 λ_{c} 的关系为

$$
k_{\mathrm{c}} = \frac{2\pi}{\lambda_{\mathrm{c}}}
\tag{5.47}
$$

将式(5.47)代入 $k_{\mathrm{c}}^2 = k^2 + \gamma^2$ 中，有

$$
\gamma = \sqrt{k_{\mathrm{c}}^2 - k^2} = \frac{2\pi}{\lambda}\sqrt{\left(\frac{\lambda}{\lambda_{\mathrm{c}}}\right)^2 - 1} = a + \mathrm{j}\beta
\tag{5.48}
$$

式中，a 为衰减常数，β 为相移常数。

由式(5.48)可知：

① 当 $\lambda < \lambda_{\mathrm{c}}$ 时，$\gamma = \mathrm{j}\beta$ 为纯虚数，此时波长为 λ 的波可以沿着波导纵向传输，处于传播状态。

$$
\beta = \frac{2\pi}{\lambda}\sqrt{1 - \left(\frac{\lambda}{\lambda_{\mathrm{c}}}\right)^2}
\tag{5.49}
$$

② 当 $\lambda > \lambda_{\mathrm{c}}$ 时，$\gamma = a$ 为纯实数，此时波长为 λ 的波不能沿着波导纵向传输，处于截止状态。

$$a = \frac{2\pi}{\lambda}\sqrt{\left(\frac{\lambda}{\lambda_c}\right)^2 - 1} \tag{5.50}$$

由此可见，一个波长为 λ 的波是否可以沿着波导纵向传输取决于 λ 与波导截止波长 λ_c 的关系。

式(5.43)~式(5.46)表明利用两个纵向分量可以得到四个横向分量，因此，六个分量只需求解两个纵向分量 E_z 和 H_z，那么该如何求解 E_z 和 H_z 呢？继续进行第三步。

(3) 求解 $E_z(x, y)$，$H_z(x, y)$ 两个分量。

在式(5.29)的基础上，在直角坐标系中可以将纵向分量单独出来，即 E_z 和 H_z 满足式(5.51)的方程，再针对波导的具体边界条件，就可以求出 E_z 和 H_z 的具体形式。

$$\begin{cases} \nabla_T^2 E_z(x, y) + k_c^2 E_z(x, y) = 0 \\ \nabla_T^2 H_z(x, y) + k_c^2 H_z(x, y) = 0 \end{cases} \tag{5.51}$$

求出 E_z 和 H_z 后，四个横向分量 E_x，E_y，H_x，H_y 也就确定了，再根据式(5.32)和式(5.33)，可以确定波导中任一点处的 $\boldsymbol{E}(x, y, z; t)$ 和 $\boldsymbol{H}(x, y, z; t)$ 的表达式。

观察式(5.43)~式(5.46)，可以看出，每个等式右边的第一项都只与 E_z 有关，第二项只与 H_z 有关，因此，可以按照纵向分量 E_z 和 H_z 的不同将传输系统中的导行波分为横电磁波、横电波与横磁波三类。

1. 横电磁波(TEM 波)

TEM 波的特征是 $E_z = H_z = 0$，即电场和磁场都是横向的，但是根据式(5.43)~式(5.46)，当 $E_z = H_z = 0$ 时，所有的分量都为 0，这与实际是不符的，原因在于 TEM 波对应的 $k_c = 0$，即通过式(5.43)~式(5.46)求解横向分量无效。$k_c = 0$ 意味着截止波数为 0，截止频率为 0，没有截止频率，在任何频率下，TEM 波均处于传播状态，但横向分量不能通过式(5.43)~式(5.46)求出，而是需要通过式(5.52)求出。

$$\begin{cases} \nabla_T^2 \boldsymbol{E}(x, y) + k_c^2 \boldsymbol{E}(x, y) = 0 \\ \nabla_T^2 \boldsymbol{H}(x, y) + k_c^2 \boldsymbol{H}(x, y) = 0 \end{cases} \tag{5.52}$$

由于无纵向分量，因此式(5.52)中 $\boldsymbol{E}(x, y)$ 和 $\boldsymbol{H}(x, y)$ 分别为

$$\begin{cases} \boldsymbol{E}(x, y) = \hat{\boldsymbol{x}} E_x(x, y) + \hat{\boldsymbol{y}} E_y(x, y) \\ \boldsymbol{H}(x, y) = \hat{\boldsymbol{x}} H_x(x, y) + \hat{\boldsymbol{y}} H_y(x, y) \end{cases} \tag{5.53}$$

同时因为 $k_c = 0$，所以式(5.53)为

$$\begin{cases} \nabla_T^2 \boldsymbol{E}(x, y) = 0 \\ \nabla_T^2 \boldsymbol{H}(x, y) = 0 \end{cases} \tag{5.54}$$

对式(5.54)进行求解即可得到 TEM 波的场分布情况。需要说明的是，并不是任何传输系统都能传输 TEM 波，比如，像波导这种单导体中就不存在 TEM 波。这是因为假如在波导内存在 TEM 波，由于电场和磁场都是横

笔记

向的,那么磁场在横截面内沿闭合回路的积分等于通过回路的纵向传导电流与纵向位移电流之和。但是波导内没有导体,不可能有纵向传导电流,同时 TEM 波没有纵向电场分量,也不可能有纵向位移电流,这与横截面内磁力线是闭合的相矛盾,因此 TEM 波只存在于多导体系统中。

2. 横电波(TE 波)

TE 波的特征是 $E_z = 0$,而 $H_z \neq 0$,即电场是横向的,而磁场具有纵向分量,根据式(5.43)~式(5.46),E_x,E_y,H_x,H_y 的表达式如下。

$$E_x = -\frac{\mathrm{j}\omega\mu}{k_c^2}\frac{\partial H_z}{\partial y} \tag{5.55}$$

$$E_y = \frac{\mathrm{j}\omega\mu}{k_c^2}\frac{\partial H_z}{\partial x} \tag{5.56}$$

$$H_x = \mp\frac{\mathrm{j}\beta}{k_c^2}\frac{\partial H_z}{\partial x} \tag{5.57}$$

$$H_y = \mp\frac{\mathrm{j}\beta}{k_c^2}\frac{\partial H_z}{\partial y} \tag{5.58}$$

3. 横磁波(TM 波)

TM 波的特征是 $E_z \neq 0$,而 $H_z = 0$,即电场具有纵向分量,而磁场是横向的,根据式(5.43)~式(5.46),E_x,E_y,H_x,H_y 的表达式如下。

$$E_x = \mp\frac{\mathrm{j}\beta}{k_c^2}\frac{\partial E_z}{\partial x} \tag{5.59}$$

$$E_y = \mp\frac{\mathrm{j}\beta}{k_c^2}\frac{\partial E_z}{\partial y} \tag{5.60}$$

$$H_x = \frac{\mathrm{j}\omega\varepsilon}{k_c^2}\frac{\partial E_z}{\partial y} \tag{5.61}$$

$$H_y = -\frac{\mathrm{j}\omega\varepsilon}{k_c^2}\frac{\partial E_z}{\partial x} \tag{5.62}$$

由以上分析可知 TEM 波、TE 波、TM 波是有区别的,对于 TEM 波,由于其 $k_c = 0$,因此 TEM 波没有截止频率;而对于 TE 波、TM 波,由于 $k_c \neq 0$,因此 TE 波、TM 波有截止频率。k_c 的不同导致 TEM 波与 TE 波、TM 波在性质上的一系列区别,以下从相速与群速、色散、相波长、波阻抗对这三种波的区别进行介绍。

1)相速与群速

相速定义为波的等相位面移动的速度,即单位时间内波的等相位面移动的距离,用 v_p 来表示,按定义求 v_p 的过程如下:

首先,固定波的相位,令 $(\omega t - \beta z) =$ 常数,然后两边对 t 求导数,有

$$\frac{\mathrm{d}}{\mathrm{d}t}(\omega t - \beta z) = \omega - \beta\frac{\mathrm{d}z}{\mathrm{d}t} = 0 \tag{5.63}$$

于是可以求出 v_p:

$$v_p = \frac{\mathrm{d}z}{\mathrm{d}t} = \frac{\omega}{\beta} \tag{5.64}$$

群速定义为波包络等相位面移动的速度，即单位时间内波包络等相位面移动的距离，用 υ_g 来表示：

 笔记

$$\upsilon_g = \frac{\mathrm{d}\omega}{\mathrm{d}\beta} \qquad (5.65)$$

把式(5.49)代入式(5.64)和(5.65)中，可以求出相速与群速。

① 对于 TEM 波，由于 $k_c = 0$，即 $\lambda_c = \infty$，因此有

$$\upsilon_p = \upsilon_g = c \quad (\mathrm{m/s}) \qquad (5.66)$$

② 对于 TE 波、TM 波：

$$\upsilon_p = \frac{\mathrm{d}z}{\mathrm{d}t} = \frac{\omega}{\beta} = \frac{c}{\sqrt{1-\left(\dfrac{\lambda}{\lambda_c}\right)^2}} \quad (\mathrm{m/s}) \qquad (5.67)$$

$$\upsilon_g = \frac{\mathrm{d}\omega}{\mathrm{d}\beta} = c\sqrt{1-\left(\frac{\lambda}{\lambda_c}\right)^2} \quad (\mathrm{m/s}) \qquad (5.68)$$

2）色散

波的传播速度随频率而变化的现象称为色散现象，波的色散程度取决于色散因子：

$$\sqrt{1-\left(\frac{\lambda}{\lambda_c}\right)^2} \qquad (5.69)$$

① 对于 TEM 波，无色散，色散因子为 1。

② 对于 TE 波、TM 波，有色散，色散因子如式(5.69)所示。

3）相波长（波导波长）

波导系统中相位差 2π 的两相位面之间的距离定义为相波长（波导波长）λ_p。

$$\lambda_p = \frac{2\pi}{\beta} = \frac{\lambda}{\sqrt{1-\left(\dfrac{\lambda}{\lambda_c}\right)^2}} \quad (\mathrm{m}) \qquad (5.70)$$

① 对于 TEM 波，相波长即其工作波长为 $\lambda = 2\pi/\beta$。

② 对于 TE 波、TM 波，相波长计算如式(5.70)所示。

4）波阻抗

波导系统中用导行波横向的电场量与磁场量之比定义为该波的波阻抗 η。

① 对于 TEM 波：

$$\eta_{\mathrm{TEM}} = \frac{E_x}{H_y} = -\frac{E_y}{H_x} = \frac{\beta}{\omega\varepsilon} = \sqrt{\frac{\mu}{\varepsilon}} \quad (\Omega) \qquad (5.71)$$

在真空中，$\eta_{\mathrm{TEM}} = 120\pi$。

② 对于 TE 波、TM 波：

$$\eta_{\mathrm{TE}} = \frac{E_x}{H_y} = -\frac{E_y}{H_x} = \frac{\omega\mu}{\beta} = \frac{\eta_{\mathrm{TEM}}}{\sqrt{1-\left(\dfrac{\lambda}{\lambda_c}\right)^2}} \quad (\Omega) \qquad (5.72)$$

笔记

$$\eta_{TM} = \frac{E_x}{H_y} = -\frac{E_y}{H_x} = \frac{\beta}{\omega\mu} = \eta_{TEM}\sqrt{1-\left(\frac{\lambda}{\lambda_c}\right)^2} \quad (\Omega) \tag{5.73}$$

5.4 矩 形 波 导

波导的横截面为矩形即为矩形波导，矩形波导是单导体系统，只能传输 TE 波、TM 波，不能传输 TEM 波，如图 5.3 所示。矩形波导为空心的金属管，其主要参数为宽边长度 a 和窄边长度 b。对矩形波导传输特性的研究，关键是求出波导中任一点处的 $E(x,y,z;t)$ 和 $H(x,y,z;t)$，由前面的分析可知，波导中任一点处的 $E(x,y,z;t)$ 和 $H(x,y,z;t)$ 的表达式为

$$\begin{cases} E(x,y,z;t) = E(x,y)e^{j\omega t \mp \gamma z} \\ H(x,y,z;t) = H(x,y)e^{j\omega t \mp \gamma z} \end{cases} \tag{5.74}$$

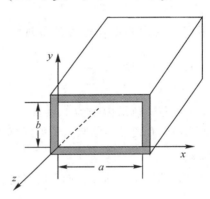

图 5.3　直角坐标系下的矩形波导

根据横向分量可以由纵向分量来表示这一信息，确定式(5.74)中 $E(x,y)$ 和 $H(x,y)$ 的关键就是求 $E_z(x,y)$，$H_z(x,y)$。在考虑理想介质情况下，根据导行波的分类，以下对矩形波导中的可能存在的 TE 波、TM 波的场分布进行求解分析。

5.4.1　矩形波导中的 TE 波

针对 TE 波，主要求解 $E(x,y)$、$H(x,y)$ 的 $E_z(x,y)$ 和 $H_z(x,y)$，而 TE 波的特征是 $E_z = 0$，$H_z \neq 0$，所以只需求解 $H_z(x,y)$。根据式(5.51)，$H_z(x,y)$ 满足如下方程。

$$\nabla_T^2 H_z(x,y) + k_c^2 H_z(x,y) = 0 \tag{5.75}$$

继续使用分离变量法，对 $H_z(x,y)$ 进行分离变量，令

$$H_z(x,y) = X(x)Y(y) \tag{5.76}$$

把式(5.76)代入式(5.75)中：

$$Y(y)\frac{d^2 X(x)}{dx^2} + X(x)\frac{d^2 Y(y)}{dy^2} + k_c^2 X(x)Y(y) = 0 \tag{5.77}$$

对式(5.77)整理,可得:

$$\frac{1}{X(x)}\frac{\mathrm{d}^2 X(x)}{\mathrm{d}x^2}+\frac{1}{Y(y)}\frac{\mathrm{d}^2 Y(y)}{\mathrm{d}y^2}=-k_{\mathrm{c}}^2 \tag{5.78}$$

 笔记

在式(5.78)中,由于 k_{c} 为常数,与 x, y 无关,等号左边两个互不相关独立变量的函数之和需要满足该式,因此两个独立变量的函数必须都为常数,令

$$\frac{1}{X(x)}\frac{\mathrm{d}^2 X(x)}{\mathrm{d}x^2}=-k_x^2 \tag{5.79}$$

$$\frac{1}{Y(y)}\frac{\mathrm{d}^2 Y(y)}{\mathrm{d}y^2}=-k_y^2 \tag{5.80}$$

于是有

$$k_{\mathrm{c}}^2=k_x^2+k_y^2 \tag{5.81}$$

式(5.79)和式(5.80)都是二阶常系数微分方程,通解分别为

$$X(x)=A\cos(k_x x+\varphi_x) \tag{5.82}$$

$$Y(y)=B\cos(k_y y+\varphi_y) \tag{5.83}$$

把式(5.82)和式(5.83)代入式(5.76)中,有

$$H_z(x,y)=X(x)Y(y)=A\cdot B\cos(k_x x+\varphi_x)\cos(k_y y+\varphi_y) \tag{5.84}$$

式(5.84)中, A、B、k_x、k_y、φ_x、φ_y 都是待定的系数,需要利用矩形波导的边界条件来确定,把 $\boldsymbol{E}(x,y)$ 和 $\boldsymbol{H}(x,y)$ 的分量和其对应的边界条件联合起来就可以确定。根据 $H_z(x,y)$ 的形式, $\boldsymbol{E}(x,y)$ 和 $\boldsymbol{H}(x,y)$ 的其余分量为

$$E_x(x,y)=-\frac{\mathrm{j}\omega\mu}{k_{\mathrm{c}}^2}\frac{\partial H_z}{\partial y}=\frac{\mathrm{j}\omega\mu}{k_{\mathrm{c}}^2}\cdot A\cdot B\cdot k_y\cos(k_x x+\varphi_x)\sin(k_y y+\varphi_y)$$

$$\tag{5.85}$$

$$E_y(x,y)=\frac{\mathrm{j}\omega\mu}{k_{\mathrm{c}}^2}\frac{\partial H_z}{\partial x}=-\frac{\mathrm{j}\omega\mu}{k_{\mathrm{c}}^2}\cdot A\cdot B\cdot k_x\sin(k_x x+\varphi_x)\cos(k_y y+\varphi_y)$$

$$\tag{5.86}$$

$$H_x(x,y)=\mp\frac{\mathrm{j}\beta}{k_{\mathrm{c}}^2}\frac{\partial H_z}{\partial x}=\pm\frac{\mathrm{j}\beta}{k_{\mathrm{c}}^2}\cdot A\cdot B\cdot k_x\sin(k_x x+\varphi_x)\cos(k_y y+\varphi_y)$$

$$\tag{5.87}$$

$$H_y(x,y)=\mp\frac{\mathrm{j}\beta}{k_{\mathrm{c}}^2}\frac{\partial H_z}{\partial y}=\pm\frac{\mathrm{j}\beta}{k_{\mathrm{c}}^2}\cdot A\cdot B\cdot k_y\cos(k_x x+\varphi_x)\sin(k_y y+\varphi_y)$$

$$\tag{5.88}$$

根据图 5.3 所示的矩形波导,假定波导壁为理想导体,那么其导体表面电场的切向分量全部为 0,即边界条件为

$$\begin{cases}E_x(x,0)=0\\E_x(x,b)=0\\E_y(0,y)=0\\E_y(a,y)=0\end{cases} \tag{5.89}$$

把式(5.89)与式(5.85)~式(5.88)结合起来求解,可以得到:

$$\begin{cases} \varphi_x = 0 \\ \varphi_y = 0 \end{cases} \tag{5.90}$$

$$\begin{cases} k_x = \dfrac{m\pi}{a} & (m=0,1,2,\cdots) \\ k_y = \dfrac{n\pi}{b} & (n=0,1,2,\cdots) \end{cases} \tag{5.91}$$

由于常数 $A \cdot B$ 决定波导两端的边界条件，该值现在还不能确定，因此这里统一记为 D，把式（5.90）和式（5.91）代入式（5.84）～式（5.88）中，得到矩形波导中 TE 波的 $\boldsymbol{E}(x,y)$ 和 $\boldsymbol{H}(x,y)$ 的全部分量：

$$E_x(x,y) = \frac{\mathrm{j}\omega\mu}{k_c^2}\frac{n\pi}{b}D\cos\left(\frac{m\pi}{a}x\right)\sin\left(\frac{n\pi}{b}y\right) \tag{5.92}$$

$$E_y(x,y) = -\frac{\mathrm{j}\omega\mu}{k_c^2}\frac{m\pi}{a}D\sin\left(\frac{m\pi}{a}x\right)\cos\left(\frac{n\pi}{b}y\right) \tag{5.93}$$

$$H_x(x,y) = \pm\frac{\mathrm{j}\beta}{k_c^2}\frac{m\pi}{a}D\sin\left(\frac{m\pi}{a}x\right)\cos\left(\frac{n\pi}{b}y\right) \tag{5.94}$$

$$H_y(x,y) = \pm\frac{\mathrm{j}\beta}{k_c^2}\frac{n\pi}{b}D\cos\left(\frac{m\pi}{a}x\right)\sin\left(\frac{n\pi}{b}y\right) \tag{5.95}$$

$$H_z(x,y) = D\cos\left(\frac{m\pi}{a}x\right)\cos\left(\frac{n\pi}{b}y\right) \tag{5.96}$$

于是，波导中任一点处 TE 波的全部场分量如式（5.97）～式（5.101）所示。

$$E_x(x,y,z;t) = \frac{\mathrm{j}\omega\mu}{k_c^2}\frac{n\pi}{b}D\cos\left(\frac{m\pi}{a}x\right)\sin\left(\frac{n\pi}{b}y\right)\mathrm{e}^{\mathrm{j}(\omega t\mp\beta z)} \tag{5.97}$$

$$E_y(x,y,z;t) = -\frac{\mathrm{j}\omega\mu}{k_c^2}\frac{m\pi}{a}D\sin\left(\frac{m\pi}{a}x\right)\cos\left(\frac{n\pi}{b}y\right)\mathrm{e}^{\mathrm{j}(\omega t\mp\beta z)} \tag{5.98}$$

$$H_x(x,y,z;t) = \pm\frac{\mathrm{j}\beta}{k_c^2}\frac{m\pi}{a}D\sin\left(\frac{m\pi}{a}x\right)\cos\left(\frac{n\pi}{b}y\right)\mathrm{e}^{\mathrm{j}(\omega t\mp\beta z)} \tag{5.99}$$

$$H_y(x,y,z;t) = \pm\frac{\mathrm{j}\beta}{k_c^2}\frac{n\pi}{b}D\cos\left(\frac{m\pi}{a}x\right)\sin\left(\frac{n\pi}{b}y\right)\mathrm{e}^{\mathrm{j}(\omega t\mp\beta z)} \tag{5.100}$$

$$H_z(x,y,z;t) = D\cos\left(\frac{m\pi}{a}x\right)\cos\left(\frac{n\pi}{b}y\right)\mathrm{e}^{\mathrm{j}(\omega t\mp\beta z)} \tag{5.101}$$

5.4.2　矩形波导中的 TM 波

TM 波的特征是 $E_z \neq 0$，$H_z = 0$，对 TM 波的求解和对 TE 波的求解方法一样，此处不再详述，直接给出如下 $\boldsymbol{E}(x,y,z;t)$ 和 $\boldsymbol{H}(x,y,z;t)$ 的分量结果。

$$E_x(x,y,z;t) = \pm\frac{\mathrm{j}\beta}{k_c^2}\frac{m\pi}{a}D\cos\left(\frac{m\pi}{a}x\right)\sin\left(\frac{n\pi}{b}y\right)\mathrm{e}^{\mathrm{j}(\omega t\mp\beta z)} \tag{5.102}$$

$$E_y(x,y,z;t) = \pm\frac{\mathrm{j}\beta}{k_c^2}\frac{n\pi}{b}D\sin\left(\frac{m\pi}{a}x\right)\cos\left(\frac{n\pi}{b}y\right)\mathrm{e}^{\mathrm{j}(\omega t\mp\beta z)} \tag{5.103}$$

$$E_z(x,y,z;t) = D\sin\left(\frac{m\pi}{a}x\right)\sin\left(\frac{n\pi}{b}y\right)e^{j(\omega t \mp \beta z)} \tag{5.104}$$

$$H_x(x,y,z;t) = \frac{j\omega\varepsilon}{k_c^2}\frac{n\pi}{b}D\sin\left(\frac{m\pi}{a}x\right)\cos\left(\frac{n\pi}{b}y\right)e^{j(\omega t \mp \beta z)} \tag{5.105}$$

$$H_y(x,y,z;t) = -\frac{j\omega\varepsilon}{k_c^2}\frac{m\pi}{a}D\cos\left(\frac{m\pi}{a}x\right)\sin\left(\frac{n\pi}{b}y\right)e^{j(\omega t \mp \beta z)} \tag{5.106}$$

这里，需要说明的是，对于 TM 波，m 和 n 的取值都不可以为 0，如果 m 和 n 中任意一个为 0，根据式(5.102)～式(5.106)，那么 TM 波全部的场分量都为 0，这是不允许的。对于 TE 波，m 和 n 之一可以取值为 0，但不可以同时为 0。

5.4.3　矩形波导的传输模式

无论是 TE 波还是 TM 波，在其对应的 $\boldsymbol{E}(x,y,z;t)$、$\boldsymbol{H}(x,y,z;t)$ 表达式中，m 和 n 的取值都可以有无穷多个，所以根据 m 和 n 的取值不同，矩形波导中可能存在的电磁场也有无穷多个，即存在 TE_{mn} 和 TM_{mn} 两个系列，每一组 m 和 n 的取值对应一种场分布，尽管场分布不同，但都能单独满足矩形波导的边界条件，都能独立地在矩形波导中存在，这种能独立存在的场分布称为"模式"。于是在矩形波导中存在 TE_{mn} 和 TM_{mn} 两个系列的无穷多个模式。

对于不同 m 和 n 的取值，一般对应的截止波数 k_c 也不相同，根据式(5.81)，截止波数 k_c 所对应的截止波长 λ_c 为

$$\lambda_c = \frac{2\pi}{k_c} = \frac{2\pi}{\sqrt{k_x^2 + k_y^2}} = \frac{2}{\sqrt{\left(\dfrac{m}{a}\right)^2 + \left(\dfrac{n}{b}\right)^2}} \tag{5.107}$$

由于式(5.107)对于 TE_{mn} 和 TM_{mn} 两个系列都适用，所以根据该式，存在不同模式具有相同截止波长的情况，比如 TE_{11} 和 TM_{11}，TE_{21} 和 TM_{21} 等等。这种情况称为简并模式，只要 m 和 n 的取值相同且 $m \neq 0$，$n \neq 0$，那么 TE_{mn} 与 TM_{mn} 的截止波长就相同。截止波长相同，所对应的相速、群速、色散因子、相波长、波阻抗等计算公式也相同。

同时，可以看到每一种模式的场都能独立地在波导中存在，不同模式场的任何线性叠加也是满足边界条件的，也能在波导中存在，所以在波导中可能同时存在多个模式的场。并且矩形波导中任何可能存在的场都可以用 TE_{mn} 和 TM_{mn} 的线性组合来表示，TE_{mn} 和 TM_{mn} 模式是完备的。

接下来的问题是，工作中的矩形波导中都存在哪些模式呢？这主要取决于工作波长与截止波长之间的关系。对于给定尺寸的矩形波导，其长边为 a，短边为 b。根据式(5.107)，TE_{10} 对应的截止波长最长，截止频率最低，所以称 TE_{10} 为基模，也是矩形波导的主模。矩形波导中几个主要模式的截止波长图如图 5.4 所示，以 $a > 2b$ 时为例，按截止波长的长度把 TE_{10}，TE_{20}，TE_{01}，TE_{11}，TM_{11} 等都画在一个图里，可以用这个图来判断有哪些模式能

笔记

在矩形波导中传播。

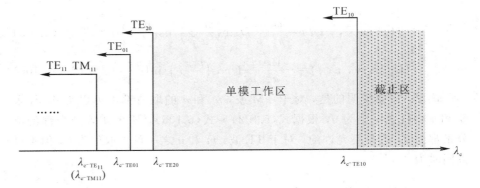

图 5.4　矩形波导中几个主要模式的截止波长图（$a>2b$）

根据图 5.4，当工作波长大于 λ_{c-TE10} 时，处于截止区，矩形波导为截止状态；当工作波长位于 λ_{c-TE20} 与 λ_{c-TE10} 之间时，处于单模工作区，矩形波导为单模工作状态，此时矩形波导中只存在 TE_{10} 模式；当工作波长位于 λ_{c-TE01} 与 λ_{c-TE20} 之间时，此时矩形波导中存在 TE_{10}，TE_{20} 两种模式，当波导中存在两种及以上模式时即为多模工作状态。当工作波长位于 λ_{c-TE11}（λ_{c-TM11}）与 λ_{c-TE01} 之间时，此时矩形波导中存在 TE_{10}，TE_{20}，TE_{01} 三种模式，以此类推，只要工作波长小于这种模式对应的截止波长，那么波导中就存在这种模式，小于几种就存在几种。对于矩形波导，如果使其为单模工作状态，那么必须要满足如下条件。

$$\left.\begin{array}{l} a=\lambda_{c-TE20} \\ 2b=\lambda_{c-TE01} \end{array}\right\}<\lambda<\lambda_{c-TE10}=2a \qquad (5.108)$$

一般情况下，要求矩形波导尺寸 $a>2b$，所以单模传输的条件为 $a<\lambda<2a$。

例 5.1　求矩形波导（BJ-70 型号）单模传输时允许的工作频率范围（BJ-70 型号矩形波导的尺寸为 $a=34.85$ mm，$b=15.80$ mm）。

解　矩形波导单模传输时只存在 TE_{10} 一个模式，要求工作波长小于 λ_{c-TE10}，同时大于 λ_{c-TE20} 和 λ_{c-TE01}，因此，需要先求出 λ_{c-TE10}、λ_{c-TE20}、λ_{c-TE01}。

根据 λ_c 的计算公式，有

$$\lambda_{c-TE10}=\frac{2}{\sqrt{\left(\dfrac{m}{a}\right)^2+\left(\dfrac{n}{b}\right)^2}}=\frac{2}{\sqrt{\left(\dfrac{1}{a}\right)^2+\left(\dfrac{0}{b}\right)^2}}=2a=69.70 \text{（mm）}$$

$$\lambda_{c-TE20}=\frac{2}{\sqrt{\left(\dfrac{m}{a}\right)^2+\left(\dfrac{n}{b}\right)^2}}=\frac{2}{\sqrt{\left(\dfrac{2}{a}\right)^2+\left(\dfrac{0}{b}\right)^2}}=a=34.85 \text{（mm）}$$

$$\lambda_{c-TE01}=\frac{2}{\sqrt{\left(\dfrac{m}{a}\right)^2+\left(\dfrac{n}{b}\right)^2}}=\frac{2}{\sqrt{\left(\dfrac{0}{a}\right)^2+\left(\dfrac{1}{b}\right)^2}}=2b=31.60 \text{（mm）}$$

笔记

于是工作波长 λ(mm)要满足：
$$34.85 < \lambda < 69.70$$

根据 $f = c/\lambda$，换算成工作频率(Hz)为
$$4.3 \times 10^9 < f < 7.7 \times 10^9$$

本例中 $a > 2b$，所以也可以根据单模传输条件 $a < \lambda < 2a$，直接求得所允许的工作频率范围。

5.4.4 矩形波导的主模

在矩形波导中，TE_{10} 模式对应的截止波长最长，截止频率最低，所以矩形波导的主模为 TE_{10}，根据截止波长的计算公式，对于 TE_{10} 模式，代入 $m=1$，$n=0$，有
$$\lambda_{c\text{-}TE_{10}} = 2a \tag{5.109}$$

同时，把 $\lambda_{c\text{-}TE_{10}}$ 代入到相速、群速、相波长、波阻抗等计算公式中，可以求出 TE_{10} 模式对应的这些特性参数。

(1) TE_{10} 模式的相速公式：
$$\upsilon_{\mathrm{p}} = \frac{c}{\sqrt{1 - \left(\dfrac{\lambda}{2a}\right)^2}} \tag{5.110}$$

(2) TE_{10} 模式的群速公式：
$$\upsilon_{\mathrm{g}} = c \sqrt{1 - \left(\frac{\lambda}{2a}\right)^2} \tag{5.111}$$

(3) TE_{10} 模式的相波长公式：
$$\lambda_{\mathrm{p}} = \frac{\lambda}{\sqrt{1 - \left(\dfrac{\lambda}{2a}\right)^2}} \tag{5.112}$$

(4) TE_{10} 模式的波阻抗公式：
$$\eta_{\mathrm{TE}} = \frac{\eta_{\mathrm{TEM}}}{\sqrt{1 - \left(\dfrac{\lambda}{2a}\right)^2}} \tag{5.113}$$

为了了解 TE_{10} 模式的场分布，把 $m=1$，$n=0$ 代入式(5.97)~式(5.101)中，并考虑到电磁波沿正 z 方向传播，得到 TE_{10} 模式对应的电场和磁场分布：

$$\begin{cases} E_x(x, y, z; t) = 0 \\ E_y(x, y, z; t) = -\dfrac{\mathrm{j}\omega\mu a}{\pi} D \sin\left(\dfrac{\pi}{a}x\right) \mathrm{e}^{\mathrm{j}(\omega t - \beta z)} \\ E_z(x, y, z; t) = 0 \end{cases} \tag{5.114}$$

$$\begin{cases} H_x(x, y, z; t) = \dfrac{\mathrm{j}\beta a}{\pi} D \sin\left(\dfrac{\pi}{a}x\right) \mathrm{e}^{\mathrm{j}(\omega t - \beta z)} \\ H_y(x, y, z; t) = 0 \\ H_z(x, y, z; t) = D \cos\left(\dfrac{\pi}{a}x\right) \mathrm{e}^{\mathrm{j}(\omega t - \beta z)} \end{cases} \tag{5.115}$$

笔记 ✑

式(5.114)和式(5.115)呈现出了 TE_{10} 模式电磁场分布的立体图,但由于波导中的电磁场是时变的,因此只能固定一个时刻画出电力线和磁力线。

$$E_y(x,\ y,\ z)=-\frac{j\omega\mu a}{\pi}D\sin\left(\frac{\pi}{a}x\right)e^{-j\beta z} \tag{5.116}$$

$$H_x(x,\ y,\ z)=\frac{j\beta a}{\pi}D\sin\left(\frac{\pi}{a}x\right)e^{-j\beta z} \tag{5.117}$$

$$H_z(x,\ y,\ z)=D\cos\left(\frac{\pi}{a}x\right)e^{-j\beta z} \tag{5.118}$$

对于电力线,TE_{10} 模式的电场只有 E_y 分量,且与 y 无关,随 x 呈正弦变化,最大值在 $x=a/2$ 处,所以电力线是一些平行于 y 轴的直线。

对于磁力线,TE_{10} 模式的磁场有 H_x 和 H_z 两个分量,也均与 y 无关,H_x 的变化规律与 E_y 的变化规律相同,H_z 随 x 呈余弦变化,最大值在 $x=0$ 和 $x=a$ 处,所以磁力线是位于 xoz 平面的一些闭合曲线。

E_y,H_x,H_z 随 x 轴和 z 轴的变化情况如图 5.5 所示。TE_{10} 模式的电磁场结构透视图如图 5.6 所示,实线表示电力线,虚线表示磁力线,线的疏密程度表示场的强弱,越密越强。

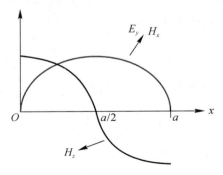

(a) 随 x 轴变化情况

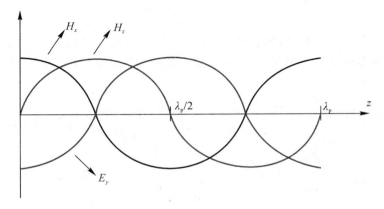

(b) 随 z 轴变化情况

图 5.5　E_y,H_x,H_z 随 x 轴和 z 轴的变化情况

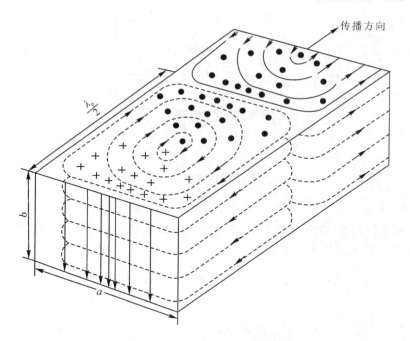

图 5.6　TE_{10} 模式的电磁场结构透视图

　　矩形波导大部分工作在单模模式，即 TE_{10} 模式。电磁场的感应使波导内壁表面上产生感应电流，称为管壁电流，管壁电流的分布完全取决于波导内部的磁场分布，根据 $\boldsymbol{J} = \hat{\boldsymbol{n}} \times \boldsymbol{H}$，可以画出 TE_{10} 模式的管壁电流分布如图 5.7 所示，$\boldsymbol{J}$ 的方向与 $\boldsymbol{H}$ 的方向互相垂直。管壁电流的分布情况为矩形波导开缝提供了依据，比如在波导连接和波导型驻波测量线中，都需要在波导的表面开缝，但在此同时，不能影响波导中电磁波的传播，更不能使电磁波从缝隙中泄露出来，这就要求开缝不能切断管壁电流，所以此时合理的开缝都尽量顺着电流线方向开，如图 5.8 所示。

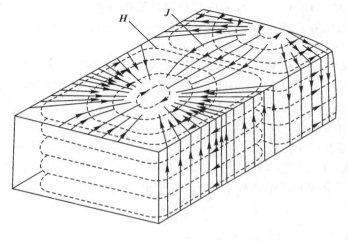

图 5.7　TE_{10} 模式的管壁电流分布图

笔记

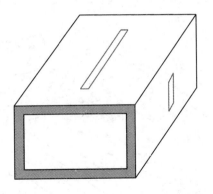

图 5.8　TE$_{10}$ 模式的矩形波导开缝位置

根据波印廷定理，导行波系统纵向传输的功率流密度为 $\boldsymbol{E} \times \boldsymbol{H}$（W/m^2），因此波导的平均传输功率为

$$P = \frac{1}{2} \mathrm{Re} \left[\int_S (\boldsymbol{E} \times \boldsymbol{H}^*) \cdot \mathrm{d}S \right] = \frac{1}{2} \mathrm{Re} \left[\int_0^b \int_0^a (E_x H_y^* - E_y H_x^*) \mathrm{d}x \, \mathrm{d}y \right]$$

$$(5.119)$$

为了讨论的方便，令矩形波导中 TE$_{10}$ 模式的电场强度幅值为 E_m，则磁场强度幅值为 $E_m / \eta_{\mathrm{TE10}}$，于是得到 TE$_{10}$ 模式的传输功率：

$$P = \frac{1}{2} \mathrm{Re} \left[\int_0^b \int_0^a (- E_y H_x^*) \mathrm{d}x \, \mathrm{d}y \right] = \frac{E_m^2}{2 \eta_{\mathrm{TE10}}} \int_0^b \mathrm{d}y \int_0^a \sin^2 \left(\frac{\pi}{a} x \right) \mathrm{d}x$$

$$= \frac{E_m^2}{4 \eta_{\mathrm{TE10}}} ab = \frac{ab}{480 \pi} E_m^2 \sqrt{1 - \left(\frac{\lambda}{2a} \right)^2}$$

$$(5.120)$$

如果波导中传输功率过高，则可能发生击穿进而损坏波导，影响安全传输。由式（5.120）可知，假设击穿波导的电场强度为 E_b，则在 TE$_{10}$ 模式下可传输的最大功率为

$$P_{\max} = \frac{ab}{480 \pi} E_b^2 \sqrt{1 - \left(\frac{\lambda}{2a} \right)^2}$$

$$(5.121)$$

根据式（5.121），TE$_{10}$ 模式的功率容量随波导尺寸及工作频率的增加而增大。考虑功率容量与单模传输的条件，一般工作波长 λ 的允许取值范围为

$$a < \lambda < 1.8a$$

$$(5.122)$$

由于空气填充的金属波导的波导壁为非理想导体，会造成电磁波的损耗和衰减，有关研究推导表明，衰减与波导材料及尺寸均有关，当波导的材料和短边尺寸 b 确定时，波导的宽边 a 越大，衰减越小。但在实际应用中，为了保证单模传输，a 必须小于工作波长。另一方面，当 a 选定后，b/a 比值越大，衰减越小，从这一点看，b 应尽量大，但 b 的取值同样也受到单模传输条件的限制。因此，标准矩形波导一般选择 $b/a \approx 1/2$，再结合式（5.122），在矩形波导截面尺寸的选择上，一般取中值，即 $\lambda \approx 1.4a$，于是有

$$\begin{cases} a \approx \dfrac{\lambda}{1.4} \\ b \approx \dfrac{a}{2} \end{cases}$$

$$(5.123)$$

例 5.2 设计矩形波导的尺寸，要求单模传输，已知工作波长为 $\lambda = 32(\text{mm})$。

解 根据已知条件和式(5.123)可以求出矩形波导的宽边和短边长度：

$$a = \frac{\lambda}{1.4} = \frac{32}{1.4} \approx 22.86 \text{ mm}$$

$$b = \frac{a}{2} \approx 11.43 \text{ mm}$$

实际上，标准矩形波导的尺寸有相应的国家标准，根据工作波长对应的频率可以通过查表来确定波导尺寸，本例中，通过查表可以确定对应标准矩形波导的型号为 BJ-100($a = 22.86$ mm，$b = 10.16$ mm)。

5.5 圆 波 导

波导的横截面为圆形即为圆波导，与矩形波导一样，圆波导也是单导体系统，只能传输 TE 波、TM 波，不能传输 TEM 波。圆柱坐标系下的圆波导如图 5.9 所示，圆波导为空心的金属管，空气填充，其主要参数为半径 a。与矩形波导相比，从几何结构上，圆波导具有几何对称性，对于机械加工也更为有利；从功率容量和衰减的品质因数上，圆波导较矩形波导也具有优势。

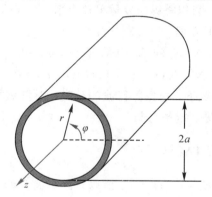

图 5.9 圆柱坐标系下的圆波导

与对矩形波导传输特性的研究一样，对圆波导传输特性的研究，也是求出波导中任一点处的 $\boldsymbol{E}(x, y, z; t)$ 和 $\boldsymbol{H}(x, y, z; t)$。圆波导使用圆柱坐标系分析更方便，因此，圆波导中任一点处的 $\boldsymbol{E}(r, \varphi, z; t)$ 和 $\boldsymbol{H}(r, \varphi, z; t)$ 的表达式为

$$\begin{cases} \boldsymbol{E}(r, \varphi, z; t) = \boldsymbol{E}(r, \varphi) \mathrm{e}^{\mathrm{j}(\omega t \mp \beta z)} \\ \boldsymbol{H}(r, \varphi, z; t) = \boldsymbol{H}(r, \varphi) \mathrm{e}^{\mathrm{j}(\omega t \mp \beta z)} \end{cases} \tag{5.124}$$

其中，$\boldsymbol{E}(r, \varphi)$ 和 $\boldsymbol{H}(r, \varphi)$ 的表达式如式(5.125)和式(5.126)所示。

$$\boldsymbol{E}(r, \varphi) = \hat{\boldsymbol{r}} E_r(r, \varphi) + \hat{\boldsymbol{\varphi}} E_\varphi(r, \varphi) + \hat{\boldsymbol{z}} E_z(r, \varphi) \tag{5.125}$$

$$\boldsymbol{H}(r, \varphi) = \hat{\boldsymbol{r}} H_r(r, \varphi) + \hat{\boldsymbol{\varphi}} H_\varphi(r, \varphi) + \hat{\boldsymbol{z}} H_z(r, \varphi) \tag{5.126}$$

笔记

与在直角坐标系下的推导过程类似，推导出由纵向分量表示横向分量的关系式，如式(5.127)～式(5.130)所示。

$$E_r=\frac{\mathrm{j}}{k_c^2}\left(\mp\beta\frac{\partial E_z}{\partial r}-\frac{\omega\mu}{r}\frac{\partial H_z}{\partial\varphi}\right) \tag{5.127}$$

$$E_\varphi=\frac{\mathrm{j}}{k_c^2}\left(\mp\frac{\beta}{r}\frac{\partial E_z}{\partial\varphi}+\omega\mu\frac{\partial H_z}{\partial r}\right) \tag{5.128}$$

$$H_r=\frac{\mathrm{j}}{k_c^2}\left(\frac{\omega\varepsilon}{r}\frac{\partial E_z}{\partial\varphi}\mp\beta\frac{\partial H_z}{\partial r}\right) \tag{5.129}$$

$$H_\varphi=\frac{\mathrm{j}}{k_c^2}\left(-\omega\varepsilon\frac{\partial E_z}{\partial r}\mp\frac{\beta}{r}\frac{\partial H_z}{\partial\varphi}\right) \tag{5.130}$$

注意：在圆柱坐标系下，拉普拉斯算子∇^2表示为

$$\nabla_T^2=\frac{\partial^2}{\partial r^2}+\frac{1}{r}\frac{\partial^2}{\partial r^2}+\frac{1}{r^2}\frac{\partial^2}{\partial\varphi^2} \tag{5.131}$$

对矢量$\boldsymbol{E}$取旋度表示为

$$\nabla\times\boldsymbol{E}=\begin{vmatrix}\frac{1}{r}\hat{r} & \hat{\varphi} & \frac{1}{r}\hat{z}\\\frac{\partial}{\partial r} & \frac{\partial}{\partial\varphi} & \frac{\partial}{\partial z}\\E_r & rE_\varphi & E_z\end{vmatrix} \tag{5.132}$$

在圆柱坐标系中，可以将纵向分量单独出来，与式(5.51)类似，$E_z(r,\varphi)$和$H_z(r,\varphi)$满足如下方程。

$$\nabla_T^2 E_z(r,\varphi)+k_c^2 E_z(r,\varphi)=0 \tag{5.133}$$
$$\nabla_T^2 H_z(r,\varphi)+k_c^2 H_z(r,\varphi)=0 \tag{5.134}$$

考虑理想介质情况下，根据导行波的分类，对圆波导中可能存在的 TE 波、TM 波的场分布进行求解分析。

5.5.1 圆波导中的 TM 波

TM 波的特征是$E_z\neq0$，$H_z=0$，所以只需要求$E_z(r,\varphi)$，根据式(5.131)和(5.133)，有

$$\left(\frac{\partial^2}{\partial r^2}+\frac{1}{r}\frac{\partial^2}{\partial r^2}+\frac{1}{r^2}\frac{\partial^2}{\partial\varphi^2}\right)E_z(r,\varphi)+k_c^2 E_z(r,\varphi)=0 \tag{5.135}$$

使用分离变量法，令

$$E_z(r,\varphi)=R(r)\Phi(\varphi) \tag{5.136}$$

把式(5.136)代入式(5.135)中，左右两边同乘以$r^2/R(r)\Phi(\varphi)$，得到

$$\frac{1}{R(r)}\left(r^2\frac{\mathrm{d}^2 R(r)}{\mathrm{d}r^2}+r\frac{\mathrm{d}R(r)}{\mathrm{d}r}+k_c^2 r^2 R(r)\right)=-\frac{1}{\Phi(\varphi)}\frac{\mathrm{d}^2\Phi(\varphi)}{\mathrm{d}\varphi^2} \tag{5.137}$$

观察上式，方程左边只与变量 r 有关，方程右边只与变量 φ 有关，如果使方程对任意的 r 和 φ 都成立，那么左右两边必须都等于同一个常数，令这个常数为 m^2，则有

$$\frac{1}{R(r)}\left(r^2\frac{\mathrm{d}^2R(r)}{\mathrm{d}r^2}+r\frac{\mathrm{d}R(r)}{\mathrm{d}r}+k_c^2r^2R(r)\right)=m^2 \tag{5.138}$$

✍ **笔记**

$$-\frac{1}{\Phi(\varphi)}\frac{\mathrm{d}^2\Phi(\varphi)}{\mathrm{d}\varphi^2}=m^2 \tag{5.139}$$

进一步整理，有

$$r^2\frac{\mathrm{d}^2R(r)}{\mathrm{d}r^2}+r\frac{\mathrm{d}R(r)}{\mathrm{d}r}+(k_c^2r^2-m^2)R(r)=0 \tag{5.140}$$

$$\frac{\mathrm{d}^2\Phi(\varphi)}{\mathrm{d}\varphi^2}+m^2\Phi(\varphi)=0 \tag{5.141}$$

式(5.141)是一个二阶常系数微分方程，其通解为

$$\Phi(\varphi)=A\cos(m\varphi)+B\sin(m\varphi) \tag{5.142}$$

而式(5.140)是贝塞尔方程，其通解为贝塞尔函数，即

$$R(r)=CJ_m(k_cr)+DN_m(k_cr) \tag{5.143}$$

其中，$J_m(\cdot)$ 是 m 阶第一类贝塞尔函数，$N_m(\cdot)$ 是 m 阶第二类贝塞尔函数。第一类与第二类贝塞尔函数曲线如图 5.10 所示。

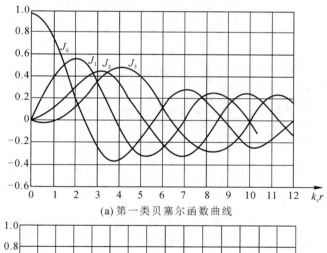

(a) 第一类贝塞尔函数曲线

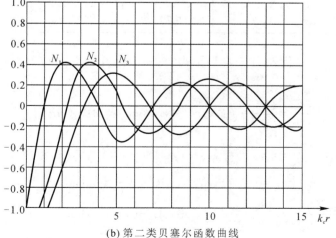

(b) 第二类贝塞尔函数曲线

图 5.10　贝塞尔函数曲线

笔记

将式(5.142)和式(5.143)代入式(5.136)中，有

$$E_z(r,\varphi)=[CJ_m(k_cr)+DN_m(k_cr)]\cdot[A\cos(m\varphi)+B\sin(m\varphi)]$$

$$(5.144)$$

式中，A，B，C，D 和 m 均为待定系数，由以下条件确定。

(1) 首先，在波导中心处，即 r 趋于 0 时场量不能无限大，但当 r 趋于 0 时，$N_m(k_cr)$ 趋于无穷，所以 $DN_m(k_cr)$ 这一项中，D 必须为 0。于是式 (5.144)简化为

$$E_z(r,\varphi)=CJ_m(k_cr)[A\cos(m\varphi)+B\sin(m\varphi)] \qquad (5.145)$$

(2) 其次，因为圆波导的横截面是圆，所以场量沿着 φ 变化的周期是 2π，即

$$\Phi(\varphi)=\Phi(\varphi\pm2\pi)=A\cos[m(\varphi\pm2\pi)]+B\sin[m(\varphi\pm2\pi)] \qquad (5.146)$$

为了满足上式，m 只能为整数。

(3) 最后，假定波导壁为理想导体，当 $r=a$ 时，$E_z=0$，把这个边界条件代入式(5.144)中：

$$E_z(a,\varphi)=CJ_m(k_ca)[A\cos(m\varphi)+B\sin(m\varphi)]=0 \qquad (5.147)$$

上式恒等于 0，这就要求 $J_m(k_ca)=0$，那么有

$$k_ca=u_{mn} \qquad (5.148)$$

式中，u_{mn} 是 m 阶第一类贝塞尔函数的第 n 个零点值。表 5.1 给出了第一类贝塞尔函数的部分零点值。

表 5.1 第一类贝塞尔函数的部分零点值

u_{mn}	$n=1$	$n=2$	$n=3$	$n=4$
$m=0$	2.405	5.520	8.654	11.792
$m=1$	3.832	7.016	10.173	13.324
$m=2$	5.136	8.417	11.620	14.796
$m=3$	6.379	9.760	13.015	16.220

把式(5.145)代入式(5.127)~式(5.130)中，$\boldsymbol{E}(r,\varphi)$ 和 $\boldsymbol{H}(r,\varphi)$ 的全部分量为

$$E_r=\mp\frac{\mathrm{j}}{k_c^2}\beta\frac{\partial E_z}{\partial r}=\mp\frac{\mathrm{j}C\beta}{k_c}J_m'(k_cr)[A\cos(m\varphi)+B\sin(m\varphi)] \qquad (5.149)$$

$$E_\varphi=\mp\frac{\mathrm{j}}{k_c^2}\frac{\beta}{r}\frac{\partial E_z}{\partial\varphi}=\pm\frac{\mathrm{j}C\beta}{k_c^2}\frac{m}{r}J_m(k_cr)[A\sin(m\varphi)-B\cos(m\varphi)] \qquad (5.150)$$

$$E_z=CJ_m(k_cr)[A\cos(m\varphi)+B\sin(m\varphi)] \qquad (5.151)$$

$$H_r=\frac{\mathrm{j}}{k_c^2}\frac{\omega\varepsilon}{r}\frac{\partial E_z}{\partial\varphi}=-\frac{\mathrm{j}C}{k_c^2}\frac{m\omega\varepsilon}{r}J_m(k_cr)[A\sin(m\varphi)-B\cos(m\varphi)] \qquad (5.152)$$

$$H_\varphi=-\frac{\mathrm{j}}{k_c^2}\omega\varepsilon\frac{\partial E_z}{\partial r}=-\frac{\mathrm{j}C\omega\varepsilon}{k_c}J_m'(k_cr)[A\cos(m\varphi)+B\sin(m\varphi)] \qquad (5.153)$$

式中，$J'_m(\cdot)$ 为 $J_m(\cdot)$ 的导函数，把 $k_c = u_{mn}/a$ 代入式(5.149)~式(5.153)中，并乘以 $e^{j(\omega t \mp \beta z)}$ 因子，得到圆波导中 TM 波对应的 $\boldsymbol{E}(r, \varphi, z; t)$ 和 $\boldsymbol{H}(r, \varphi, z; t)$ 的全部分量结果：

$$E_r(r, \varphi, z; t) = \mp j C\beta \left(\frac{a}{u_{mn}}\right) J'_m\left(\frac{u_{mn}r}{a}\right)[A\cos(m\varphi) + B\sin(m\varphi)]e^{j(\omega t \mp \beta z)}$$
$$(5.154)$$

$$E_\varphi(r, \varphi, z; t) = \pm j C\beta \left(\frac{a}{u_{mn}}\right)^2 \frac{m}{r} J_m\left(\frac{u_{mn}r}{a}\right)[A\sin(m\varphi) - B\cos(m\varphi)]e^{j(\omega t \mp \beta z)}$$
$$(5.155)$$

$$E_z(r, \varphi, z; t) = C J_m\left(\frac{u_{mn}r}{a}\right)[A\cos(m\varphi) + B\sin(m\varphi)]e^{j(\omega t \mp \beta z)}$$
$$(5.156)$$

$$H_r(r, \varphi, z; t) = -j \frac{Cm\omega\varepsilon}{r}\left(\frac{a}{u_{mn}}\right)^2 J_m\left(\frac{u_{mn}r}{a}\right)[A\sin(m\varphi) - B\cos(m\varphi)]e^{j(\omega t \mp \beta z)}$$
$$(5.157)$$

$$H_\varphi(r, \varphi, z; t) = -j C\omega\varepsilon \left(\frac{a}{u_{mn}}\right) J'_m\left(\frac{u_{mn}r}{a}\right)[A\cos(m\varphi) + B\sin(m\varphi)]e^{j(\omega t \mp \beta z)}$$
$$(5.158)$$

5.5.2 圆波导中的 TE 波

TE 波的特征是 $E_z = 0$，$H_z \neq 0$，对 TE 波的求解方法和对 TM 波的求解方法一样，此处不再详述，直接给出 $\boldsymbol{E}(r, \varphi, z; t)$ 和 $\boldsymbol{H}(r, \varphi, z; t)$ 的全部分量结果如下。

$$E_r(r, \varphi, z; t) = j \frac{Cm\omega\mu}{r}\left(\frac{a}{v_{mn}}\right)^2 J_m\left(\frac{v_{mn}r}{a}\right)[A\sin(m\varphi) - B\cos(m\varphi)]e^{j(\omega t \mp \beta z)}$$
$$(5.159)$$

$$E_\varphi(r, \varphi, z; t) = j C\omega\mu \left(\frac{a}{v_{mn}}\right) J'_m\left(\frac{v_{mn}r}{a}\right)[A\cos(m\varphi) + B\sin(m\varphi)]e^{j(\omega t \mp \beta z)}$$
$$(5.160)$$

$$H_r(r, \varphi, z; t) = \mp j C\beta \left(\frac{a}{v_{mn}}\right) J'_m\left(\frac{v_{mn}r}{a}\right)[A\cos(m\varphi) + B\sin(m\varphi)]e^{j(\omega t \mp \beta z)}$$
$$(5.161)$$

$$H_\varphi(r, \varphi, z; t) = \pm j \frac{Cm\beta}{r}\left(\frac{a}{v_{mn}}\right)^2 J_m\left(\frac{v_{mn}r}{a}\right)[A\sin(m\varphi) - B\cos(m\varphi)]e^{j(\omega t \mp \beta z)}$$
$$(5.162)$$

$$H_z(r, \varphi, z; t) = C J_m\left(\frac{v_{mn}r}{a}\right)[A\cos(m\varphi) + B\sin(m\varphi)]e^{j(\omega t \mp \beta z)} \quad (5.163)$$

其中，v_{mn} 是 m 阶第一类贝塞尔函数导函数的第 n 个零点值。表 5.2 给出了第一类贝塞尔函数导函数的部分零点值。

表 5.2　第一类贝塞尔函数导函数的部分零点值

v_{mn}	$n=1$	$n=2$	$n=3$
$m=0$	3.832	7.016	10.173
$m=1$	1.841	5.331	8.536
$m=2$	3.054	6.706	9.965
$m=3$	4.201	8.015	11.846

5.5.3　圆波导的传输模式

和对矩形波导的分析一样，u_{mn} 和 v_{mn} 也都有无穷多个。根据 m 和 n 的取值不同，圆波导中可能存在的电磁场也有无穷多个，即也存在 TE_{mn} 和 TM_{mn} 两个系列，其中，m 表示场沿着圆周方向分布的周期数，n 表示场沿着径向分布的零点数。TE_{mn} 和 TM_{mn} 两个系列对应的截止波长、相速、群速、相波长、波阻抗参量如下：

1）截止波长

对于 TM_{mn} 模式，有

$$\lambda_{c-\mathrm{TM}}=\frac{2\pi}{k_c}=\frac{2\pi a}{u_{mn}} \tag{5.164}$$

对于 TE_{mn} 模式，有

$$\lambda_{c-\mathrm{TE}}=\frac{2\pi}{k_c}=\frac{2\pi a}{v_{mn}} \tag{5.165}$$

2）圆波导的相速

对于 TM_{mn} 模式，有

$$\upsilon_{\mathrm{p}}=\frac{c}{\sqrt{1-\left(\dfrac{\lambda}{\lambda_{c-\mathrm{TM}}}\right)^2}} \tag{5.166}$$

对于 TE_{mn} 模式，有

$$\upsilon_{\mathrm{p}}=\frac{c}{\sqrt{1-\left(\dfrac{\lambda}{\lambda_{c-\mathrm{TE}}}\right)^2}} \tag{5.167}$$

3）圆波导的群速

对于 TM_{mn} 模式，有

$$\upsilon_{\mathrm{g}}=c\sqrt{1-\left(\frac{\lambda}{\lambda_{c-\mathrm{TM}}}\right)^2} \tag{5.168}$$

对于 TE_{mn} 模式，有

$$\upsilon_{\mathrm{g}}=c\sqrt{1-\left(\frac{\lambda}{\lambda_{c-\mathrm{TE}}}\right)^2} \tag{5.169}$$

笔记

4）相波长

对于 TM_{mn} 模式，有

$$\lambda_p = \frac{\lambda}{\sqrt{1-\left(\dfrac{\lambda}{\lambda_{c-TM}}\right)^2}} \tag{5.170}$$

对于 TE_{mn} 模式，有

$$\lambda_p = \frac{\lambda}{\sqrt{1-\left(\dfrac{\lambda}{\lambda_{c-TE}}\right)^2}} \tag{5.171}$$

5）波阻抗

对于 TM_{mn} 模式，有

$$\eta_{TM} = \eta_{TEM}\sqrt{1-\left(\dfrac{\lambda}{\lambda_{c-TM}}\right)^2} \tag{5.172}$$

对于 TE_{mn} 模式，有

$$\eta_{TE} = \frac{\eta_{TEM}}{\sqrt{1-\left(\dfrac{\lambda}{\lambda_{c-TE}}\right)^2}} \tag{5.173}$$

从以上表达式中可以看出，这些主要参量计算方法与矩形波导一致。其中截止波长的计算结果取决于第一类贝塞尔函数的零点和第一类贝塞尔函数导函数的零点，根据贝塞尔函数的性质：

$$J_0'(x) = -J_1(x) \tag{5.174}$$

所以，$J_1(x)$ 的零点值与 $J_0'(x)$ 的零点值相等，即：

$$u_{1n} = v_{0n} \quad (n=1,2,3,\cdots) \tag{5.175}$$

因此，在圆波导中也存在简并模式，即 TE_{0n} 和 TM_{1n} 模式是简并模式，表 5.3 给出了圆波导中一些模式的截止频率，从表中可以看出，圆波导中截止波长最长的模式为 TE_{11}，其次为 TM_{01}，于是圆波导中单模传输的条件为

$$2.62a < \lambda < 3.41a \tag{5.176}$$

表 5.3　圆波导中一些模式的截止频率

TE_{mn}		TM_{mn}	
模式	λ_c	模式	λ_c
TE_{01}	$1.64a$	TM_{01}	$2.62a$
TE_{02}	$0.90a$	TM_{02}	$1.14a$
TE_{03}	$0.62a$	TM_{03}	$0.72a$
TE_{11}	$3.41a$	TM_{11}	$1.64a$
TE_{12}	$1.18a$	TM_{12}	$0.90a$
TE_{13}	$0.74a$	TM_{13}	$0.62a$

图 5.11 给出了圆波导中几个主要模式截止波长的分布。

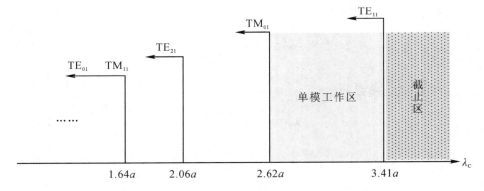

图 5.11　圆波导中几个主要模式截止波长的分布

5.5.4　圆波导的几种主要模式

1. TE$_{11}$ 模式

TE$_{11}$ 模式对应的 $v_{11}=1.841$，可以计算出其对应的截止波长为

$$\lambda_{c-TE11}=\frac{2\pi a}{v_{11}}=\frac{2\pi a}{1.841}=3.41a \tag{5.177}$$

把 $m=1$，$v_{11}=1.841$ 代入式（5.159）～式（5.163）中，得到圆波导 TE$_{11}$ 模式沿正 z 方向的全部场分量为

$$E_r(r,\varphi,z;t)=j\frac{C\omega\mu}{r}\left(\frac{a}{1.841}\right)^2 J_1\left(\frac{1.841r}{a}\right)[A\sin(\varphi)-B\cos(\varphi)]e^{j(\omega t-\beta z)} \tag{5.178}$$

$$E_\varphi(r,\varphi,z;t)=jC\omega\mu\left(\frac{a}{1.841}\right)J_1'\left(\frac{1.841r}{a}\right)[A\cos(\varphi)+B\sin(\varphi)]e^{j(\omega t-\beta z)} \tag{5.179}$$

$$H_r(r,\varphi,z;t)=-jC\beta\left(\frac{a}{1.841}\right)J_1'\left(\frac{1.841r}{a}\right)[A\cos(\varphi)+B\sin(\varphi)]e^{j(\omega t-\beta z)} \tag{5.180}$$

$$H_\varphi(r,\varphi,z;t)=j\frac{C\beta}{r}\left(\frac{a}{1.841}\right)^2 J_1\left(\frac{1.841r}{a}\right)[A\sin(\varphi)-B\cos(\varphi)]e^{j(\omega t-\beta z)} \tag{5.181}$$

$$H_z(r,\varphi,z;t)=CJ_1\left(\frac{1.841r}{a}\right)[A\cos(\varphi)+B\sin(\varphi)]e^{j(\omega t-\beta z)} \tag{5.182}$$

TE$_{11}$ 模式的场分布如图 5.12 所示，TE$_{11}$ 模式虽然是圆波导的主模式，但圆波导的圆周对称特性结构造成了 TE$_{11}$ 模式在传输过程中存在极化面旋转现象而不稳定，一般不宜采用 TE$_{11}$ 模式来进行微波传输，而是用于极化元件的工作模式，比如极化衰减器、极化变换器等。

✐ 笔记

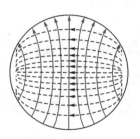
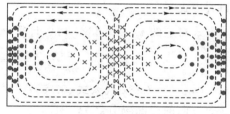

(a) 横截面场分布　　　　　(b) 纵剖面场分布

图 5.12　圆波导 TE_{11} 模式的场分布

2. TM_{01} 模式

TM_{01} 模式对应的 $u_{01}=2.405$，可以计算出其对应的截止波长为

$$\lambda_{c-TM01}=\frac{2\pi a}{u_{01}}=\frac{2\pi a}{2.405}=2.62a \tag{5.183}$$

把 $m=0$，$u_{01}=2.405$ 代入式(5.154)～式(5.158)中，得到圆波导 TM_{01} 模式沿正 z 方向的全部场分量为

$$E_r(r,\varphi,z;t)=-jAC\beta\left(\frac{a}{2.405}\right)J_0'\left(\frac{2.405r}{a}\right)e^{j(\omega t-\beta z)} \tag{5.184}$$

$$E_z(r,\varphi,z;t)=ACJ_0\left(\frac{2.405r}{a}\right)e^{j(\omega t-\beta z)} \tag{5.185}$$

$$H_\varphi(r,\varphi,z;t)=-jAC\omega\varepsilon\left(\frac{a}{2.405}\right)J_0'\left(\frac{2.405r}{a}\right)e^{j(\omega t-\beta z)} \tag{5.186}$$

其余场分量均为 0，由于 $J_0'(x)=-J_1(x)$，因此全部场分量可以进一步写为

$$E_r(r,\varphi,z;t)=jAC\beta\left(\frac{a}{2.405}\right)J_1\left(\frac{2.405r}{a}\right)e^{j(\omega t-\beta z)} \tag{5.187}$$

$$E_z(r,\varphi,z;t)=ACJ_0\left(\frac{2.405r}{a}\right)e^{j(\omega t-\beta z)} \tag{5.188}$$

$$H_\varphi(r,\varphi,z;t)=jAC\omega\varepsilon\left(\frac{a}{2.405}\right)J_1\left(\frac{2.405r}{a}\right)e^{j(\omega t-\beta z)} \tag{5.189}$$

TM_{01} 模式的横截面场分布、纵剖面场分布如图 5.13(a)、(b)所示，TM_{01} 模式的最大特点是场分布具有轴对称性，不随 φ 变化，特别适合用于天线与馈线之间旋转关节的工作模式。

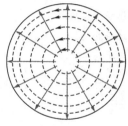
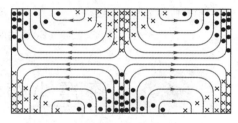

(a) 横截面场分布　　　　　(b) 纵剖面场分布

图 5.13　圆波导 TM_{01} 模式的场分布

笔记

3. TE$_{01}$ 模式

TE$_{01}$ 模式对应的 $v_{01} = 3.832$，可以计算出其对应的截止波长为

$$\lambda_{c\text{-}TE01} = \frac{2\pi a}{v_{01}} = \frac{2\pi a}{3.832} = 1.64a \tag{5.190}$$

把 $m = 0$，$v_{01} = 3.832$ 代入式（5.159）～式（5.163）中，得到圆波导 TE$_{01}$ 模式沿正 z 方向的全部场分量为

$$E_\varphi(r, \varphi, z; t) = jAC\omega\mu\left(\frac{a}{3.832}\right)J_0'\left(\frac{3.832r}{a}\right)e^{j(\omega t - \beta z)} \tag{5.191}$$

$$H_r(r, \varphi, z; t) = -jAC\beta\left(\frac{a}{3.832}\right)J_0'\left(\frac{3.832r}{a}\right)e^{j(\omega t - \beta z)} \tag{5.192}$$

$$H_z(r, \varphi, z; t) = ACJ_0\left(\frac{3.832r}{a}\right)e^{j(\omega t - \beta z)} \tag{5.193}$$

其余场分量均为 0，由于 $J_0'(x) = -J_1(x)$，因此全部场分量可以进一步写为

$$E_\varphi(r, \varphi, z; t) = -jAC\omega\mu\left(\frac{a}{3.832}\right)J_1\left(\frac{3.832r}{a}\right)e^{j(\omega t - \beta z)} \tag{5.194}$$

$$H_r(r, \varphi, z; t) = jAC\beta\left(\frac{a}{3.832}\right)J_1\left(\frac{3.832r}{a}\right)e^{j(\omega t - \beta z)} \tag{5.195}$$

$$H_z(r, \varphi, z; t) = ACJ_0\left(\frac{3.832r}{a}\right)e^{j(\omega t - \beta z)} \tag{5.196}$$

TE$_{01}$ 模式的场分布如图 5.14 所示，场分布也具有轴对称性，根据式（5.192）和式（5.193），在 $r = a$ 处 $H_r = 0$，只存在 H_z 分量，故管壁电流只有 J_φ 分量，这决定了 TE$_{01}$ 模式的最大特点是衰减常数随着频率升高而单调下降，这一特点决定其具有远距离传输的特性，但由于 TE$_{01}$ 模式不是圆波导的主模式，使用时需要抑制其他低次模式。

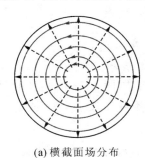
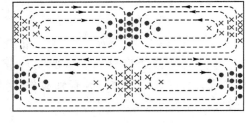

（a）横截面场分布　　　　　　　（b）纵剖面场分布

图 5.14　圆波导 TE$_{01}$ 模式的场分布

5.6　本 章 小 结

本章主要介绍了规则波导的概念，其中，对矩形波导和圆波导进行了重点介绍，从电磁场理论出发，推导了波导中的场分布和单模传输的条件。规

则波导是指各种截面形状无限长的空心金属管,其截面形状和尺寸,管壁材料及管内介质沿其轴向均保持不变,通常矩形波导工作在 TE_{10} 单模传输模式,当工作频率一定时,TE_{10} 单模传输时要求的波导尺寸最小。单模传输易于激励和耦合,同时可以避免因几种模式以不同速度传输而带来的信号失真。矩形波导和圆波导都是单导体系统,不能传输 TEM 波,只能传输 TE、TM 波;而常见的同轴线是双导体系统,不仅可以传输 TEM 波,还可以传输 TE、TM 波,在实际应用中,都使其工作在 TEM 模式。同轴线的工作频带比双导线宽,可以用于大于厘米波的频段,适合在一些微波射频测量系统中使用。

 笔记

5.7　本章主要知识表格

波导中由纵向分量表示的横向分量如表 5.4 所示。规则波导的截止波长、其他特性参数、单模传输条件如表 5.5 至表 5.7 所示。

表 5.4　波导中由纵向分量表示的横向分量

规则波导	公　式
矩形波导(直角坐标系)	$E_x = \dfrac{\mathrm{j}}{k_c^2}\left(\mp\beta\dfrac{\partial E_z}{\partial x} - \omega\mu\dfrac{\partial H_z}{\partial y}\right)$
	$E_y = \dfrac{\mathrm{j}}{k_c^2}\left(\mp\beta\dfrac{\partial E_z}{\partial y} + \omega\mu\dfrac{\partial H_z}{\partial x}\right)$
	$H_x = \dfrac{\mathrm{j}}{k_c^2}\left(\omega\varepsilon\dfrac{\partial E_z}{\partial y} \mp \beta\dfrac{\partial H_z}{\partial x}\right)$
	$H_y = \dfrac{\mathrm{j}}{k_c^2}\left(-\omega\varepsilon\dfrac{\partial E_z}{\partial x} \mp \beta\dfrac{\partial H_z}{\partial y}\right)$
圆波导(圆柱坐标系)	$E_r = \dfrac{\mathrm{j}}{k_c^2}\left(\mp\beta\dfrac{\partial E_z}{\partial r} - \dfrac{\omega\mu}{r}\dfrac{\partial H_z}{\partial \varphi}\right)$
	$E_\varphi = \dfrac{\mathrm{j}}{k_c^2}\left(\mp\dfrac{\beta}{r}\dfrac{\partial E_z}{\partial \varphi} + \omega\mu\dfrac{\partial H_z}{\partial r}\right)$
	$H_r = \dfrac{\mathrm{j}}{k_c^2}\left(\dfrac{\omega\varepsilon}{r}\dfrac{\partial E_z}{\partial \varphi} \mp \beta\dfrac{\partial H_z}{\partial r}\right)$
	$H_\varphi = \dfrac{\mathrm{j}}{k_c^2}\left(-\omega\varepsilon\dfrac{\partial E_z}{\partial r} \mp \dfrac{\beta}{r}\dfrac{\partial H_z}{\partial \varphi}\right)$

笔记

表 5.5　规则波导的截止波长

规则波导	模式	截止波长公式
矩形波导	TE_{mn}、TM_{mn}	$\lambda_c = \dfrac{2\pi}{k_c} = \dfrac{2}{\sqrt{\left(\dfrac{m}{a}\right)^2 + \left(\dfrac{n}{b}\right)^2}}$
圆波导	TM_{mn}	$\lambda_{c\text{-TM}} = \dfrac{2\pi}{k_c} = \dfrac{2\pi a}{u_{mn}}$
	TE_{mn}	$\lambda_{c\text{-TE}} = \dfrac{2\pi}{k_c} = \dfrac{2\pi a}{v_{mn}}$

表 5.6　规则波导的其他特性参数

规则波导	特性参数	公　式
矩形波导、圆波导	相速度	$v_p = \dfrac{\omega}{\beta} = \dfrac{c}{\sqrt{1 - \left(\dfrac{\lambda}{\lambda_c}\right)^2}}$　(m/s)
	群速度	$v_g = \dfrac{d\omega}{d\beta} = c\sqrt{1 - \left(\dfrac{\lambda}{\lambda_c}\right)^2}$　(m/s)
	相移常数	$\beta = \dfrac{2\pi}{\lambda}\sqrt{1 - \left(\dfrac{\lambda}{\lambda_c}\right)^2}$　(rad/m)
	相波长(波导波长)	$\lambda_p = \dfrac{2\pi}{\beta} = \dfrac{\lambda}{\sqrt{1 - \left(\dfrac{\lambda}{\lambda_c}\right)^2}}$　(m)
	波阻抗　TM_{mn}	$\eta_{\text{TM}} = \eta_{\text{TEM}}\sqrt{1 - \left(\dfrac{\lambda}{\lambda_c}\right)^2}$　(Ω)
	波阻抗　TE_{mn}	$\eta_{\text{TE}} = \dfrac{\eta_{\text{TEM}}}{\sqrt{1 - \left(\dfrac{\lambda}{\lambda_c}\right)^2}}$　(Ω)

表 5.7　规则波导的单模传输条件

规则波导	条　件	主　模
矩形波导	$\left.\begin{array}{c} a \\ 2b \end{array}\right\} < \lambda < 2a$	TE_{10}
圆波导	$2.62a < \lambda < 3.41a$	TE_{11}

笔记

5.8　本章习题

（1）已知矩形波导（BJ-100），尺寸为 $a = 22.86$ mm，$b = 10.16$ mm，由空气填充，要求单模传输，工作频率为 $f = 10$ GHz，求截止波长、波导波长和相移常数。

（2）已知矩形波导（BJ-84），尺寸为 $a = 28.50$ mm，$b = 12.60$ mm，由空气填充，要求单模传输，工作频率为 $f = 6$ GHz，求截止波长、波导波长和相移常数。

（3）已知矩形波导（BJ-100），尺寸为 $a = 22.86$ mm，$b = 10.16$ mm，由空气填充，当工作波长分别为 $\lambda_1 = 8$ cm，$\lambda_2 = 4$ cm，$\lambda_3 = 3.2$ cm，$\lambda_4 = 1.5$ cm 时，求哪些波长可以通过波导传输，单模传输的又有哪些？

（4）写出矩形波导（$a > 2b$）单模传输的条件，已知工作波长 $\lambda = 0.6\lambda_c$，求相速和群速。

（5）已知空气填充圆波导的半径 $r = 6.35$ mm，求波长较长的前两个模式的截止频率。

第 6 章

模型——微波网络

微波网络理论把一个微波系统用一个网络模型来等效，把本质上是电磁场的问题转化为一个网络问题，用网络理论来分析一个微波系统各端口之间的关系，在不需要了解系统内部电磁场分布的情况下就能得到系统的外部特性。微波网络方法是微波工程中重要的分析手段。本章主要回答如下问题。

（1）微波网络模型是什么？

（2）微波网络参量有哪些？

（3）微波网络参量有什么物理意义？

（4）如何求一个微波网络的网络参量？

（5）微波网络有哪些分类与性质？

6.1 微波网络的概念

实际上，一个微波系统是由微波传输线和微波元件组成的。微波传输线一般是均匀传输线，它的特性可以用传输线方程来描述。微波元件一般是由各种与均匀传输线不同的不均匀或不连续性区域组成的结构。例如在波导连接中需要对波导进行开缝，或者弯折都是在原有系统中引入了不均匀或不连续性区域。

微波元件的特性可以用"场"和"路"两种方法进行描述。"场"的方法即采用麦克斯韦方程组，通过求解电磁场的边值问题来分析微波元件的内部场分布，从而确定其外部特性，但求解过程往往非常烦琐，得到的结果通常包含特殊函数且过于精确而超出实际需求，不便于工程应用。"路"的方法是将微波元件的不均匀或不连续性区域等效为由电阻或电抗元件组成的等效电路，将其连接的均匀传输线等效为平行双线，则微波元件可等效为由等效电路和均匀传输线组成的微波网络模型，进而可以采用低频网络理论和传输线理论来处理微波系统。

"路"方法的实质是在特定条件下，将电磁场问题简化为与之等效的电路问题，有条件地化"场"为"路"。将微波元件作为微波网络来研究，相当于将微波元件当成一个"黑盒"，只关心"黑盒"的外部输入和输出特性，而不关心内部结构，这样能够避开对微波元件中不均匀或不连续性区域场分布的复杂计算，使微波问题的处理大大简化，因此微波网络方法在微波工程中得到了广泛应用。

笔记

微波网络分为线性网络和非线性网络，本章以线性网络为对象来研究微波网络。如图 6.1 所示，一个 n 端口微波元件可以用一个 n 端口微波网络模型来表示。在这个 n 端口的微波网络中，定义第 n 个端口参考面上的入射波电压和电流分别为 U_n^+ 和 I_n^+，反射波电压和电流分别为 U_n^- 和 I_n^-，则该端口上的总电压 U_n 和总电流 I_n 为

$$\begin{cases} U_n = U_n^+ + U_n^- \\ I_n = I_n^+ + I_n^- \end{cases} \tag{6.1}$$

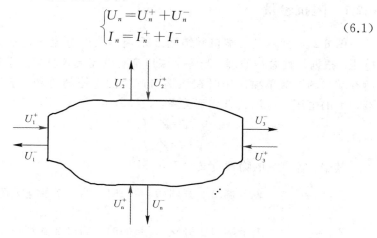

图 6.1 一个 n 端口微波元件的网络模型

表征微波网络特性的参量有两类：一类是描述网络端口电压和电流的电路参量；另一类是描述网络端口入射波电压和反射波电压的波参量。一个二端口微波网络对应的两类参量如图 6.2 所示。二端口网络也是微波网络中最基本的网络，常见的滤波器、衰减器、移相器等都是二端口网络。本章主要以二端口网络来介绍微波网络参量。

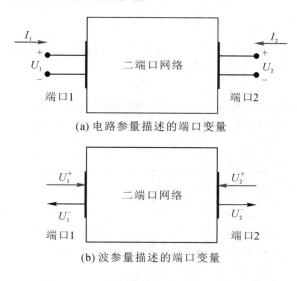

(a) 电路参量描述的端口变量

(b) 波参量描述的端口变量

图 6.2 一个二端口微波网络的两类参量

笔记

6.2 微波网络的电路参量

本节以二端口网络为例介绍微波网络的电路参量，包括阻抗参量、导纳参量和转移参量。

6.2.1 阻抗参量

图 6.2(a) 所示的二端口网络用 2 个端口上的电流来表示 2 个端口上的电压。根据线性叠加原理，当每个端口都有电流流入时当前端口的电压等于所有端口的电流单独作用时在该端口产生的电压的总和，于是二端口网络端口上的电压和电流具有如下关系：

$$\begin{cases} U_1 = Z_{11}I_1 + Z_{12}I_2 \\ U_2 = Z_{21}I_1 + Z_{22}I_2 \end{cases} \tag{6.2}$$

其中，各参数的物理意义如下：

$Z_{11} = \dfrac{U_1}{I_1}\bigg|_{I_2=0}$ 表示端口 2 开路($I_2=0$)时，端口 1 的输入阻抗；

$Z_{12} = \dfrac{U_1}{I_2}\bigg|_{I_1=0}$ 表示端口 1 开路($I_1=0$)时，端口 2 到端口 1 的转移阻抗；

$Z_{21} = \dfrac{U_2}{I_1}\bigg|_{I_2=0}$ 表示端口 2 开路($I_2=0$)时，端口 1 到端口 2 的转移阻抗；

$Z_{22} = \dfrac{U_2}{I_2}\bigg|_{I_1=0}$ 表示端口 1 开路($I_1=0$)时，端口 2 的输入阻抗。

把式(6.2)写成向量与矩阵的形式：

$$\begin{bmatrix} U_1 \\ U_2 \end{bmatrix} = \begin{bmatrix} Z_{11} & Z_{12} \\ Z_{21} & Z_{22} \end{bmatrix} \begin{bmatrix} I_1 \\ I_2 \end{bmatrix} \tag{6.3}$$

令 $\boldsymbol{U} = \begin{bmatrix} U_1 \\ U_2 \end{bmatrix}$，$\boldsymbol{Z} = \begin{bmatrix} Z_{11} & Z_{12} \\ Z_{21} & Z_{22} \end{bmatrix}$，$\boldsymbol{I} = \begin{bmatrix} I_1 \\ I_2 \end{bmatrix}$，则式(6.3)变为

$$\boldsymbol{U} = \boldsymbol{Z}\boldsymbol{I} \tag{6.4}$$

式中，$\boldsymbol{Z}$ 为微波网络的阻抗参量，也称为阻抗矩阵或 $\boldsymbol{Z}$ 矩阵。

例 6.1 一 T 型网络如图 6.3 所示，求该网络的 $\boldsymbol{Z}$ 矩阵。

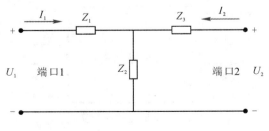

图 6.3 T 型网络

笔记

解　根据二端口微波网络阻抗参量的定义，需要计算 Z_{11}、Z_{12}、Z_{21}、Z_{22} 这四个参量，其中 Z_{11}、Z_{21} 在端口 2 开路条件下计算，Z_{12}、Z_{22} 在端口 1 开路条件下计算。

首先计算 Z_{11}、Z_{21}。当端口 2 开路时，$I_2=0$，由图 6.3 的网络结构可知：

$$U_1=I_1(Z_1+Z_2)$$

$$U_2=\frac{U_1Z_2}{Z_1+Z_2}$$

根据定义有

$$Z_{11}=\frac{U_1}{I_1}\bigg|_{I_2=0}=\frac{I_1(Z_1+Z_2)}{I_1}=Z_1+Z_2$$

$$Z_{21}=\frac{U_2}{I_1}\bigg|_{I_2=0}=\frac{U_1Z_2}{(Z_1+Z_2)I_1}=Z_2$$

然后计算 Z_{12}、Z_{22}。当端口 1 开路时，$I_1=0$，由图 6.3 的网络结构可知：

$$U_2=I_2(Z_3+Z_2)$$

$$U_1=\frac{U_2Z_2}{Z_3+Z_2}$$

根据定义有

$$Z_{12}=\frac{U_1}{I_2}\bigg|_{I_1=0}=\frac{U_2Z_2}{(Z_3+Z_2)I_2}=Z_2$$

$$Z_{22}=\frac{U_2}{I_2}\bigg|_{I_1=0}=\frac{I_2(Z_3+Z_2)}{I_2}=Z_3+Z_2$$

于是得到该网络的 **Z** 矩阵为

$$\mathbf{Z}=\begin{bmatrix}Z_{11}&Z_{12}\\Z_{21}&Z_{22}\end{bmatrix}=\begin{bmatrix}Z_1+Z_2&Z_2\\Z_2&Z_3+Z_2\end{bmatrix}$$

6.2.2　导纳参量

图 6.2(a)所示的二端口网络用 2 个端口上的电压来表示 2 个端口上的电流。根据线性叠加原理，当每个端口都有电压时，当前端口的电流等于所有端口电压单独作用时在该端口产生的电流的总和，于是二端口网络端口上的电流和电压具有如下关系：

$$\begin{cases}I_1=Y_{11}U_1+Y_{12}U_2\\I_2=Y_{21}U_1+Y_{22}U_2\end{cases}\tag{6.5}$$

其中，各参数的物理意义如下：

$$Y_{11}=\frac{I_1}{U_1}\bigg|_{U_2=0}$$　表示端口 2 短路($U_2=0$)时，端口 1 的输入导纳；

$$Y_{12}=\frac{I_1}{U_2}\bigg|_{U_1=0}$$　表示端口 1 短路($U_1=0$)时，端口 2 到端口 1 的转移导纳；

笔记

$Y_{21} = \dfrac{I_2}{U_1}\bigg|_{U_2=0}$ 表示端口 2 短路（$U_2=0$）时，端口 1 到端口 2 的转移导纳；

$Y_{22} = \dfrac{I_2}{U_2}\bigg|_{U_1=0}$ 表示端口 1 短路（$U_1=0$）时，端口 2 的输入导纳。

把式(6.5)写成向量与矩阵的形式：

$$\begin{bmatrix} I_1 \\ I_2 \end{bmatrix} = \begin{bmatrix} Y_{11} & Y_{12} \\ Y_{21} & Y_{22} \end{bmatrix} \begin{bmatrix} U_1 \\ U_2 \end{bmatrix} \tag{6.6}$$

令 $\boldsymbol{I} = \begin{bmatrix} I_1 \\ I_2 \end{bmatrix}$，$\boldsymbol{Y} = \begin{bmatrix} Y_{11} & Y_{12} \\ Y_{21} & Y_{22} \end{bmatrix}$，$\boldsymbol{U} = \begin{bmatrix} U_1 \\ U_2 \end{bmatrix}$，则式（6.6）变为：

$$\boldsymbol{I} = \boldsymbol{Y}\boldsymbol{U} \tag{6.7}$$

式中，$\boldsymbol{Y}$ 为微波网络的导纳参量，也称为导纳矩阵或 $\boldsymbol{Y}$ 矩阵。

例 6.2 一 π 型网络如图 6.4 所示，求该网络的 $\boldsymbol{Y}$ 矩阵。

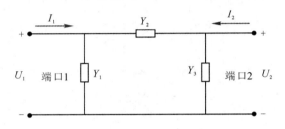

图 6.4 π 型网络

解 根据二端口微波网络导纳参量的定义，需要计算 Y_{11}、Y_{12}、Y_{21}、Y_{22} 这四个参量，其中 Y_{11}、Y_{21} 在端口 2 短路条件下计算，Y_{12}、Y_{22} 在端口 1 短路条件下计算。

首先计算 Y_{11}、Y_{21}。当端口 2 短路时，$U_2=0$，由图 6.4 的网络结构可知：

$$I_1 = U_1(Y_1 + Y_2)$$

由于所有端口电流的方向都定义为流入网络，I_1 与 I_2 的电流方向相反：

$$I_2 = -U_1 Y_2$$

根据定义有

$$Y_{11} = \frac{I_1}{U_1}\bigg|_{U_2=0} = \frac{U_1(Y_1+Y_2)}{U_1} = Y_1 + Y_2$$

$$Y_{21} = \frac{I_2}{U_1}\bigg|_{U_2=0} = \frac{-U_1 Y_2}{U_1} = -Y_2$$

然后计算 Y_{12}、Y_{22}。当端口 1 短路时，$U_1=0$，由图 6.4 的网络结构可知：

$$I_2 = U_2(Y_3 + Y_2)$$

$$I_1 = -U_2 Y_2$$

根据定义有

📝 笔记

$$Y_{12} = \frac{I_1}{U_2}\bigg|_{U_1=0} = \frac{-U_2 Y_2}{U_2} = -Y_2$$

$$Y_{22} = \frac{I_2}{U_2}\bigg|_{U_1=0} = \frac{U_2(Y_3 + Y_2)}{U_2} = Y_3 + Y_2$$

于是得到该网络的 Y 矩阵为

$$Y = \begin{bmatrix} Y_{11} & Y_{12} \\ Y_{21} & Y_{22} \end{bmatrix} = \begin{bmatrix} Y_1 + Y_2 & -Y_2 \\ -Y_2 & Y_3 + Y_2 \end{bmatrix}$$

6.2.3 转移参量

针对转移参量的二端口网络如图 6.5 所示，与图 6.2(a) 不同，此时定义端口 2 的电流方向是流出网络，这是由于在实际应用中，某些微波网络是由多个网络一级接一级连接组成的，在电流方向的定义上必然是由前一级网络流出再流入下一级网络。二端口网络中，用第 2 个端口上的电压、电流来表示 1 个端口上的电压和电流，根据线性叠加原理，两个端口上的电压、电流具有如下关系：

$$\begin{cases} U_1 = AU_2 + BI_2 \\ I_1 = CU_2 + DI_2 \end{cases} \tag{6.8}$$

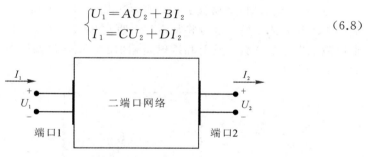

图 6.5 针对转移参量的二端口网络

式中，各参数的物理意义如下：

$A = \dfrac{U_1}{U_2}\bigg|_{I_2=0}$ 表示端口 2 开路（$I_2 = 0$）时，端口 2 到端口 1 的电压转移系数；

$B = \dfrac{U_1}{I_2}\bigg|_{U_2=0}$ 表示端口 2 短路（$U_2 = 0$）时，端口 2 到端口 1 的转移阻抗；

$C = \dfrac{I_1}{U_2}\bigg|_{I_2=0}$ 表示端口 2 开路（$I_2 = 0$）时，端口 2 到端口 1 的转移导纳；

$D = \dfrac{I_1}{I_2}\bigg|_{U_2=0}$ 表示端口 2 短路（$U_2 = 0$）时，端口 2 到端口 1 的电流转移系数。

把式（6.8）写成向量与矩阵的形式：

$$\begin{bmatrix} U_1 \\ I_1 \end{bmatrix} = \begin{bmatrix} A & B \\ C & D \end{bmatrix} \begin{bmatrix} U_2 \\ I_2 \end{bmatrix} \tag{6.9}$$

为了描述方便，记：

笔记

$$A = \begin{bmatrix} A & B \\ C & D \end{bmatrix} \qquad (6.10)$$

式中，A 为微波网络的转移参量，也称为转移矩阵或 $ABCD$ 矩阵。

6.3　微波网络的波参量

上一节介绍的阻抗参量、导纳参量和转移参量都是在终端理想短路或者开路的条件下由端口电压、电流之间的关系得到的。在实际应用中，端口电压、电流很难正确测量并获得，而端口电压入射波和电压反射波之间的关系比较容易测量，且相比终端理想短路或者开路条件，测量电压入射波和电压反射波关系所要求的终端匹配条件相对容易满足，所以由电压入射波和电压反射波之间关系定义的散射参量在微波网络中得到了广泛应用。散射参量是微波工程中最普遍、最重要的参量，可以直接通过矢量网络分析仪测量。

对于一个二端口的微波元件，当电压从端口 1 激励时，一部分电压将从端口 1 反射回来，另一部分将从端口 2 反射出来，这一点和一束光打到一个半透镜上发生的入射、反射和透射是相似的。二端口网络散射参量的类比如图 6.6 所示。

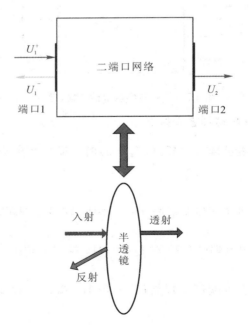

图 6.6　二端口网络散射参量的类比

二端口网络的波参量如图 6.7 所示。端口 1 上的入射波电压和反射波电压分别为 U_1^+ 和 U_1^-，端口 2 上的入射波电压和反射波电压分别为 U_2^+ 和 U_2^-。假设端口 1 和端口 2 都接有特性阻抗为 Z_0 的匹配负载，定义端口 1 的

归一化入射波电压 a_1 和归一化反射波电压 b_1 为

$$\begin{cases} a_1 = \dfrac{U_1^+}{\sqrt{Z_0}} \\ b_1 = \dfrac{U_1^-}{\sqrt{Z_0}} \end{cases} \quad (6.11)$$

图 6.7　二端口网络的波参量

定义端口 2 的归一化入射波电压 a_2 和归一化反射波电压 b_2 为

$$\begin{cases} a_2 = \dfrac{U_2^+}{\sqrt{Z_0}} \\ b_2 = \dfrac{U_2^-}{\sqrt{Z_0}} \end{cases} \quad (6.12)$$

于是，端口 1 的总电压、总电流与归一化入射波电压 a_1、归一化反射波电压 b_1 的关系为

$$\begin{cases} U_1 = \sqrt{Z_0}\,(a_1 + b_1) \\ I_1 = \dfrac{1}{\sqrt{Z_0}}(a_1 - b_1) \end{cases} \quad (6.13)$$

端口 2 的总电压、总电流与归一化入射波电压 a_2、归一化反射波电压 b_2 的关系为

$$\begin{cases} U_2 = \sqrt{Z_0}\,(a_2 + b_2) \\ I_2 = \dfrac{1}{\sqrt{Z_0}}(a_2 - b_2) \end{cases} \quad (6.14)$$

由此可见，端口的归一化反射波、入射波电压与端口的总电压、总电流具有一定的关系，因此，对于微波网络，既可以用电路参量来描述，也可以用端口上反映归一化反射波电压与入射波电压关系的波参量来描述。

6.3.1　散射参量

根据叠加原理可知，一个端口上的归一化反射波电压包括本端口入射波引起的反射和其他端口入射波从本端口的输出，所以，一个二端口网络的归一化反射波电压可以由所有端口的归一化入射波电压来表示，于是二端口网络端口上归一化反射波电压与归一化入射波电压具有如下关系：

$$\begin{cases} b_1 = S_{11}a_1 + S_{12}a_2 \\ b_2 = S_{21}a_1 + S_{22}a_2 \end{cases} \quad (6.15)$$

式中，各参数的物理意义如下：

$$S_{11} = \frac{b_1}{a_1}\bigg|_{a_2=0} \quad \text{表示端口 2 接匹配负载}(a_2=0)\text{时，端口 1 的电压反射}$$

系数；

$$S_{12} = \frac{b_1}{a_2}\bigg|_{a_1=0} \quad \text{表示端口 1 接匹配负载}(a_1=0)\text{时，端口 2 到端口 1 的电}$$

压传输系数；

$$S_{21} = \frac{b_2}{a_1}\bigg|_{a_2=0} \quad \text{表示端口 2 接匹配负载}(a_2=0)\text{时，端口 1 到端口 2 的电}$$

压传输系数；

$$S_{22} = \frac{b_2}{a_2}\bigg|_{a_1=0} \quad \text{表示端口 1 接匹配负载}(a_1=0)\text{时，端口 2 的电压反射}$$

系数

把式(6.15)写成向量与矩阵的形式：

$$\begin{bmatrix} b_1 \\ b_2 \end{bmatrix} = \begin{bmatrix} S_{11} & S_{12} \\ S_{21} & S_{22} \end{bmatrix} \begin{bmatrix} a_1 \\ a_2 \end{bmatrix} \tag{6.16}$$

令 $\boldsymbol{b} = \begin{bmatrix} b_1 \\ b_2 \end{bmatrix}$，$\boldsymbol{S} = \begin{bmatrix} S_{11} & S_{12} \\ S_{21} & S_{22} \end{bmatrix}$，$\boldsymbol{a} = \begin{bmatrix} a_1 \\ a_2 \end{bmatrix}$，则式 (6.16)变为

$$\boldsymbol{b} = \boldsymbol{Sa} \tag{6.17}$$

式中，$\boldsymbol{S}$ 称为微波网络的散射参量，也称为散射矩阵或 $\boldsymbol{S}$ 矩阵。

对于一个微波网络，只要给出其散射参量，那么这个微波网络全部入射波和反射波之间的关系就确定了，网络的特性也就确定了。一般情况下，一个 n 端口的微波网络，它的散射参量可以表示为

$$\boldsymbol{S} = \begin{bmatrix} S_{11} & S_{12} & \cdots & S_{1n} \\ S_{21} & S_{22} & \cdots & \vdots \\ \vdots & \vdots & & \vdots \\ S_{n1} & S_{n2} & \cdots & S_{nn} \end{bmatrix} \tag{6.18}$$

归一化反射波电压和归一化入射波电压的关系为

$$\begin{bmatrix} b_1 \\ b_2 \\ \vdots \\ b_n \end{bmatrix} = \begin{bmatrix} S_{11} & S_{12} & \cdots & S_{1n} \\ S_{21} & S_{22} & & \vdots \\ \vdots & \vdots & & \vdots \\ S_{n1} & S_{n2} & \cdots & S_{nn} \end{bmatrix} \begin{bmatrix} a_1 \\ a_2 \\ \vdots \\ a_n \end{bmatrix} \tag{6.19}$$

式中，$S_{ij}(i=1, 2, \cdots, n, j=1, 2, \cdots, n)$ 可以表示为

$$S_{ij} = \frac{b_i}{a_j}\bigg|_{a_k=0,\, k\neq j,\, k\in(1,2,\cdots,n)} \tag{6.20}$$

这表明 S 矩阵中各元素的物理意义为：当激励源在端口 j，其余端口均接匹配负载时，$S_{ij}(i\neq j)$ 是端口 j 到端口 i 的电压传输系数，$S_{ij}(i=j)$ 是端口 j 的电压反射系数。特殊地，当 $n=1$ 时为单端口网络（例如单端口天线），此时 S 矩阵只有一个元素 S_{11}，表示这个端口的电压反射系数。

例 6.3 如图 6.8 所示，有一段长为 l 的特性阻抗为 Z_0 的均匀无损耗传

输线，求该传输线网络的 S 矩阵。

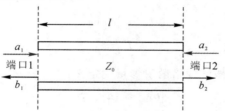

图 6.8　一段均匀无损耗传输线

解　根据二端口微波网络散射参量的定义，需要计算 S_{11}、S_{12}、S_{21}、S_{22} 这四个参数，其中 S_{11}、S_{21} 在端口 2 接匹配负载条件下计算，S_{12}、S_{22} 在端口 1 接匹配负载条件下计算。

首先计算 S_{11} 和 S_{21}。根据图 6.8 中传输线的结构可知，当端口 2 接匹配负载时 $a_2=0$，端口 1 上 $b_1=0$，所以有

$$S_{11} = \frac{b_1}{a_1}\bigg|_{a_2=0} = 0$$

当端口 2 接匹配负载时 $a_2=0$，端口 2 上的反射波 b_2 是端口 1 的入射波 a_1 推进到端口 2 的结果，a_1 的相位超前于 b_2，由于线长为 l，$a_1=b_2 e^{j\beta l}$，于是有

$$S_{21} = \frac{b_2}{a_1}\bigg|_{a_2=0} = \frac{b_2}{b_2 e^{j\beta l}} = e^{-j\beta l}$$

然后计算 S_{12} 和 S_{22}。当端口 1 接匹配负载时 $a_1=0$，所以端口 2 上 $b_2=0$，所以有

$$S_{22} = \frac{b_2}{a_2}\bigg|_{a_1=0} = 0$$

当端口 1 接匹配负载时 $a_1=0$，端口 1 上的反射波 b_1 是端口 2 的入射波 a_2 推进到端口 1 的结果，a_2 的相位超前于 b_1，由于线长为 l，$a_2=b_1 e^{j\beta l}$，于是有

$$S_{12} = \frac{b_1}{a_2}\bigg|_{a_1=0} = \frac{b_1}{b_1 e^{j\beta l}} = e^{-j\beta l}$$

综上，得到该网络的 S 矩阵：

$$S = \begin{bmatrix} S_{11} & S_{12} \\ S_{21} & S_{22} \end{bmatrix} = \begin{bmatrix} 0 & e^{-j\beta l} \\ e^{-j\beta l} & 0 \end{bmatrix}$$

例 6.4　二端口网络如图 6.9 所示，已知该二端口网络的散射参量为 S，端口的匹配负载阻抗为 Z_0，端口 2 接有阻抗为 Z_L 的负载，负载处的反射系数为 Γ_L，求端口 1 的反射系数和输入阻抗。

图 6.9　二端口网络

笔记

解 负载处的反射系数是从负载反射出的电压比入射到负载上的电压，因此根据图 6.9，有

$$\Gamma_{\mathrm{L}} = \frac{a_2}{b_2}$$

再根据二端口微波网络散射参量的定义：

$$\begin{cases} b_1 = S_{11} a_1 + S_{12} a_2 \\ b_2 = S_{21} a_1 + S_{22} a_2 \end{cases}$$

把 $\Gamma_{\mathrm{L}} = \dfrac{a_2}{b_2}$ 代入上式中，并消去 a_2，得到

$$b_1 = S_{11} a_1 + \frac{S_{12} S_{21} \Gamma_{\mathrm{L}}}{1 - S_{22} \Gamma_{\mathrm{L}}} a_1$$

那么，端口 1 的反射系数 Γ_1 为

$$\Gamma_1 = \frac{b_1}{a_1} = \frac{S_{11} a_1 + \dfrac{S_{12} S_{21} \Gamma_{\mathrm{L}}}{1 - S_{22} \Gamma_{\mathrm{L}}} a_1}{a_1} = S_{11} + \frac{S_{12} S_{21} \Gamma_{\mathrm{L}}}{1 - S_{22} \Gamma_{\mathrm{L}}}$$

根据输入阻抗与反射系数的关系，进一步求出端口 1 的输入阻抗 Z_{in1} 为

$$Z_{\mathrm{in1}} = \frac{1 + \Gamma_1}{1 - \Gamma_1} Z_0$$

6.3.2 传输参量

对于图 6.7 所示的以端口入射波电压和反射波电压所表征的二端口网络，也可以定义归一化入射波电压、归一化反射波电压之间的关系为

$$\begin{cases} a_1 = T_{11} b_2 + T_{12} a_2 \\ b_1 = T_{21} b_2 + T_{22} a_2 \end{cases} \tag{6.21}$$

式中，各参数的物理意义如下：

$T_{11} = \dfrac{a_1}{b_2} \bigg|_{a_2 = 0}$ 表示端口 2 接匹配负载（$a_2 = 0$）时，端口 1 到端口 2 的电压传输系数的倒数；

$T_{22} = \dfrac{b_1}{a_2} \bigg|_{b_2 = 0}$ 表示端口 2 无反射输出（$b_2 = 0$）时，端口 2 到端口 1 的电压传输系数的倒数。其他参数无明确的物理意义。

把式（6.21）写成向量与矩阵的形式：

$$\begin{bmatrix} a_1 \\ b_1 \end{bmatrix} = \begin{bmatrix} T_{11} & T_{12} \\ T_{21} & T_{22} \end{bmatrix} \begin{bmatrix} b_2 \\ a_2 \end{bmatrix} \tag{6.22}$$

为了描述方便，记：

$$\boldsymbol{T} = \begin{bmatrix} T_{11} & T_{12} \\ T_{21} & T_{22} \end{bmatrix} \tag{6.23}$$

式中，$\boldsymbol{T}$ 为微波网络的传输参量，也称为传输矩阵或 $\boldsymbol{T}$ 矩阵。

6.3.3　参考面的移动

✍ 笔记

在以上微波网络参量的定义和讨论中，默认微波网络端口的位置远离微波元件的不连续性区域。微波网络端口的位置即微波网络与其相连的等效平行双线的分界面，这个分界面称为微波网络的参考面。如图 6.10 所示，T_1 和 T_2 为一个二端口网络两个端口的参考面。参考面的选取不唯一，选取原则是除要远离微波网络的不连续性区域外，还要与传输方向垂直。

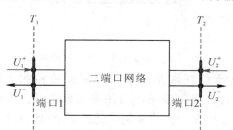

(a) 二端口网络的参考面选取之一

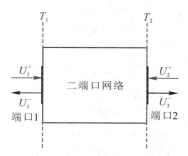

(b) 二端口网络的参考面选取之二

图 6.10　二端口网络的参考面

对于一个微波网络，一旦选定参考面，微波网络就可以确定，网络参量也就是确定的。所确定的微波网络就由这些参考面所包围的区域组成。如果微波网络参考面的位置发生了改变，那么网络参量也随之改变。因为参考面的改变对散射参量造成的影响分析起来比较简单，所以下面以散射参量为例来介绍参考面的改变对微波网络参量的影响。

二端口网络参考面的变化如图 6.11 所示。当参考面为 T_1 和 T_2 时，对应的散射参量为 $\boldsymbol{S}$，两个端口的归一化入射波电压和归一化反射波电压分别为 a_1、b_1 和 a_2、b_2。现将参考面 T_1 向外移动 l_1 距离后到 T_1'，T_2 向外移动 l_2 距离后到 T_2'，在新参考面上设两个端口的归一化入射波电压和归一化反射波电压分别为 a_1'、b_1' 和 a_2'、b_2'，对应的散射参量为 $\boldsymbol{S}'$。根据散射参量的定义，有如下关系：

$$\begin{bmatrix} b_1 \\ b_2 \end{bmatrix} = \boldsymbol{S}\begin{bmatrix} a_1 \\ a_2 \end{bmatrix} = \begin{bmatrix} S_{11} & S_{12} \\ S_{21} & S_{22} \end{bmatrix}\begin{bmatrix} a_1 \\ a_2 \end{bmatrix} \tag{6.24}$$

$$\begin{bmatrix} b_1' \\ b_2' \end{bmatrix} = \boldsymbol{S}'\begin{bmatrix} a_1' \\ a_2' \end{bmatrix} = \begin{bmatrix} S_{11}' & S_{12}' \\ S_{21}' & S_{22}' \end{bmatrix}\begin{bmatrix} a_1' \\ a_2' \end{bmatrix} \tag{6.25}$$

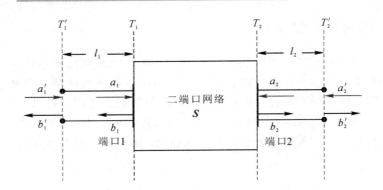

图 6.11 二端口网络参考面的变化

图 6.11 中参考面的移动是在均匀无损耗传输线上进行的，因此新参考面上的入射波电压、反射波电压与原参考面上的入射波电压、反射波电压具有一定的关系。以 a_1 与 a_1' 为例，显然 a_1' 的相位超前于 a_1，由于线长为 l_1，$a_1' = a_1 \mathrm{e}^{\mathrm{j}\beta l_1}$，于是可以得到全部关系：

$$\begin{cases} a_1' = a_1 \mathrm{e}^{\mathrm{j}\beta l_1} \\ a_2' = a_2 \mathrm{e}^{\mathrm{j}\beta l_2} \\ b_1' = b_1 \mathrm{e}^{-\mathrm{j}\beta l_1} \\ b_2' = b_2 \mathrm{e}^{-\mathrm{j}\beta l_2} \end{cases} \tag{6.26}$$

把式（6.26）写成矩阵的形式：

$$\begin{bmatrix} a_1' \\ a_2' \end{bmatrix} = \begin{bmatrix} \mathrm{e}^{\mathrm{j}\beta l_1} & 0 \\ 0 & \mathrm{e}^{\mathrm{j}\beta l_2} \end{bmatrix} \begin{bmatrix} a_1 \\ a_2 \end{bmatrix} \tag{6.27}$$

$$\begin{bmatrix} b_1' \\ b_2' \end{bmatrix} = \begin{bmatrix} \mathrm{e}^{-\mathrm{j}\beta l_1} & 0 \\ 0 & \mathrm{e}^{-\mathrm{j}\beta l_2} \end{bmatrix} \begin{bmatrix} b_1 \\ b_2 \end{bmatrix} \tag{6.28}$$

把式（6.24）代入式（6.28）中，整理后有

$$\begin{aligned} \begin{bmatrix} b_1' \\ b_2' \end{bmatrix} &= \begin{bmatrix} \mathrm{e}^{-\mathrm{j}\beta l_1} & 0 \\ 0 & \mathrm{e}^{-\mathrm{j}\beta l_2} \end{bmatrix} \begin{bmatrix} b_1 \\ b_2 \end{bmatrix} = \begin{bmatrix} \mathrm{e}^{-\mathrm{j}\beta l_1} & 0 \\ 0 & \mathrm{e}^{-\mathrm{j}\beta l_2} \end{bmatrix} S \begin{bmatrix} a_1 \\ a_2 \end{bmatrix} \\ &= \begin{bmatrix} \mathrm{e}^{-\mathrm{j}\beta l_1} & 0 \\ 0 & \mathrm{e}^{-\mathrm{j}\beta l_2} \end{bmatrix} \begin{bmatrix} S_{11} & S_{12} \\ S_{21} & S_{22} \end{bmatrix} \begin{bmatrix} a_1 \\ a_2 \end{bmatrix} \end{aligned} \tag{6.29}$$

再把式（6.27）代入式（6.29）中，得到参考面移动后网络的反射波电压与入射波电压的关系：

$$\begin{bmatrix} b_1' \\ b_2' \end{bmatrix} = \begin{bmatrix} \mathrm{e}^{-\mathrm{j}\beta l_1} & 0 \\ 0 & \mathrm{e}^{-\mathrm{j}\beta l_2} \end{bmatrix} \begin{bmatrix} S_{11} & S_{12} \\ S_{21} & S_{22} \end{bmatrix} \begin{bmatrix} \mathrm{e}^{\mathrm{j}\beta l_1} & 0 \\ 0 & \mathrm{e}^{\mathrm{j}\beta l_2} \end{bmatrix}^{-1} \begin{bmatrix} a_1' \\ a_2' \end{bmatrix} \tag{6.30}$$

整理后得到参考面移动后网络对应的散射参量：

$$S' = \begin{bmatrix} \mathrm{e}^{-\mathrm{j}\beta l_1} & 0 \\ 0 & \mathrm{e}^{-\mathrm{j}\beta l_2} \end{bmatrix} \begin{bmatrix} S_{11} & S_{12} \\ S_{21} & S_{22} \end{bmatrix} \begin{bmatrix} \mathrm{e}^{\mathrm{j}\beta l_1} & 0 \\ 0 & \mathrm{e}^{\mathrm{j}\beta l_2} \end{bmatrix}^{-1} = \begin{bmatrix} S_{11}\mathrm{e}^{-\mathrm{j}2\beta l_1} & S_{12}\mathrm{e}^{-\mathrm{j}(\beta l_1 + \beta l_2)} \\ S_{21}\mathrm{e}^{-\mathrm{j}(\beta l_1 + \beta l_2)} & S_{22}\mathrm{e}^{-\mathrm{j}2\beta l_2} \end{bmatrix}$$

$$\tag{6.31}$$

从式（6.31）中可以看出，参考面的移动仅对散射参量的相位产生影响，而对散射参量的模值没有影响，这就是散射参量的相移特性。

6.3.4　微波网络参量之间的转换

描述微波网络特性的两类参量共有 5 种，其中：描述网络端口电压、电流之间关系的电路参量有 Z 矩阵、Y 矩阵、$ABCD$ 矩阵；描述网络端口入射波电压和反射波电压关系的波参量有 S 矩阵和 T 矩阵。由于这些参量都是表征同一网络的特性，因此它们可以相互转换。Z 矩阵、Y 矩阵和 $ABCD$ 矩阵都是表征网络端口电压和电流之间关系的网络参量，因此很容易导出它们之间的相互关系，如表 6.1 所示。S 矩阵和 T 矩阵都是表征网络端口入射波电压和反射波电压之间关系的网络波参量，因此也很容易导出它们之间的相互关系，如表 6.2 所示。

表 6.1　二端口网络电路参量之间的转换

转换公式	Z	Y	A
用 Z 来表示	$\begin{bmatrix} Z_{11} & Z_{12} \\ Z_{21} & Z_{22} \end{bmatrix}$	$\dfrac{1}{\|Z\|}\begin{bmatrix} Z_{22} & -Z_{12} \\ -Z_{21} & Z_{11} \end{bmatrix}$	$\dfrac{1}{Z_{21}}\begin{bmatrix} Z_{11} & \|Z\| \\ 1 & Z_{22} \end{bmatrix}$
用 Y 来表示	$\dfrac{1}{\|Y\|}\begin{bmatrix} Y_{22} & -Y_{12} \\ -Y_{21} & Y_{11} \end{bmatrix}$	$\begin{bmatrix} Y_{11} & Y_{12} \\ Y_{21} & Y_{22} \end{bmatrix}$	$-\dfrac{1}{Y_{21}}\begin{bmatrix} Y_{22} & 1 \\ \|Y\| & Y_{11} \end{bmatrix}$
用 A 来表示	$\dfrac{1}{C}\begin{bmatrix} A & \|ABCD\| \\ 1 & D \end{bmatrix}$	$\dfrac{1}{B}\begin{bmatrix} D & -\|ABCD\| \\ -1 & A \end{bmatrix}$	$\begin{bmatrix} A & B \\ C & D \end{bmatrix}$
其中：$\|Z\|=Z_{11}Z_{22}-Z_{12}Z_{21}$，$\|Y\|=Y_{11}Y_{22}-Y_{12}Y_{21}$，$\|ABCD\|=AD-BC$			

表 6.2　二端口网络波参量之间的转换

转换公式	S	T
以 S 来表示	$\begin{bmatrix} S_{11} & S_{12} \\ S_{21} & S_{22} \end{bmatrix}$	$\dfrac{1}{S_{21}}\begin{bmatrix} 1 & -S_{22} \\ S_{11} & -\|S\| \end{bmatrix}$
以 T 来表示	$\dfrac{1}{T_{11}}\begin{bmatrix} T_{21} & \|T\| \\ 1 & -T_{12} \end{bmatrix}$	$\begin{bmatrix} T_{11} & T_{12} \\ T_{21} & T_{22} \end{bmatrix}$
其中：$\|S\|=S_{11}S_{22}-S_{12}S_{21}$，$\|T\|=T_{11}T_{22}-T_{12}T_{21}$		

以下以二端口网络阻抗参量和散射参量之间的转换为例，重点介绍电路参量与波参量之间的转换。

由式(6.13)和式(6.14)可得

$$U_1=\sqrt{Z_0}\,(a_1+b_1)=Z_{11}I_1+Z_{12}I_2=Z_{11}\frac{a_1-b_1}{\sqrt{Z_0}}+Z_{12}\frac{a_2-b_2}{\sqrt{Z_0}} \tag{6.32}$$

$$U_2=\sqrt{Z_0}\,(a_2+b_2)=Z_{21}I_1+Z_{22}I_2=Z_{21}\frac{a_1-b_1}{\sqrt{Z_0}}+Z_{22}\frac{a_2-b_2}{\sqrt{Z_0}} \tag{6.33}$$

将式(6.32)和式(6.33)联立，用 a_1、a_2 来表示 b_1、b_2：

笔记

$$b_1 = \frac{(Z_{11}-Z_0)(Z_{22}+Z_0)-Z_{12}Z_{21}}{(Z_{11}+Z_0)(Z_{22}+Z_0)-Z_{12}Z_{21}}a_1 + \frac{2Z_{12}Z_0}{(Z_{11}+Z_0)(Z_{22}+Z_0)-Z_{12}Z_{21}}a_2$$
$$(6.34)$$

$$b_2 = \frac{2Z_{21}Z_0}{(Z_{11}+Z_0)(Z_{22}+Z_0)-Z_{12}Z_{21}}a_1 + \frac{(Z_{11}+Z_0)(Z_{22}-Z_0)-Z_{12}Z_{21}}{(Z_{11}+Z_0)(Z_{22}+Z_0)-Z_{12}Z_{21}}a_2$$
$$(6.35)$$

根据 S_{11}、S_{12}、S_{21}、S_{22} 的定义，可以求出：

$$S_{11} = \frac{(Z_{11}-Z_0)(Z_{22}+Z_0)-Z_{12}Z_{21}}{(Z_{11}+Z_0)(Z_{22}+Z_0)-Z_{12}Z_{21}} \tag{6.36}$$

$$S_{12} = \frac{2Z_{12}Z_0}{(Z_{11}+Z_0)(Z_{22}+Z_0)-Z_{12}Z_{21}} \tag{6.37}$$

$$S_{21} = \frac{2Z_{12}Z_0}{(Z_{11}+Z_0)(Z_{22}+Z_0)-Z_{12}Z_{21}} \tag{6.38}$$

$$S_{22} = \frac{(Z_{11}+Z_0)(Z_{22}-Z_0)-Z_{12}Z_{21}}{(Z_{11}+Z_0)(Z_{22}+Z_0)-Z_{12}Z_{21}} \tag{6.39}$$

同样，可以得到 **Y**、**A** 与 **S** 之间的转换公式，分别如表 6.3 和表 6.4 所示。

表 6.3　二端口网络 Z、Y、A 到 S 的转换

转换公式	S	
用 **Z** 来表示	$\dfrac{1}{\Delta_1}\begin{bmatrix} (Z_{11}-Z_0)(Z_{22}+Z_0)-Z_{12}Z_{21} & 2Z_{12}Z_0 \\ 2Z_{21}Z_0 & (Z_{11}+Z_0)(Z_{22}-Z_0)-Z_{12}Z_{21} \end{bmatrix}$	
用 **Y** 来表示	$\dfrac{1}{\Delta_2}\begin{bmatrix} (1-Y_{11}Z_0)(1+Y_{22}Z_0)+Y_{12}Y_{21}Z_0^2 & -2Y_{12}Z_0 \\ -2Y_{21}Z_0 & (1+Y_{11}Z_0)(1-Y_{22}Z_0)+Y_{12}Y_{21}Z_0^2 \end{bmatrix}$	
用 **A** 来表示	$\dfrac{1}{\Delta_3}\begin{bmatrix} A+B/Z_0-CZ_0-D & 2\mid ABCD\mid \\ 2 & -A+B/Z_0-CZ_0+D \end{bmatrix}$	

其中：$\Delta_1=(Z_{11}+Z_0)(Z_{22}+Z_0)-Z_{12}Z_{21}$，$\Delta_2=(1+Y_{11}Z_0)(1+Y_{22}Z_0)-Y_{12}Y_{21}Z_0^2$，$\Delta_3=A+B/Z_0+CZ_0+D$

表 6.4　二端口网络 S 到 Z、Y、A 的转换

转换公式	用 S 来表示	
Z	$\dfrac{1}{\Delta_1}\begin{bmatrix} Z_0[(1+S_{11})(1-S_{22})+S_{12}S_{21}] & 2S_{12}Z_0 \\ 2S_{21}Z_0 & Z_0[(1-S_{11})(1+S_{22})+S_{12}S_{21}] \end{bmatrix}$	
Y	$\dfrac{1}{\Delta_2}\begin{bmatrix} [(1-S_{11})(1+S_{22})+S_{12}S_{21}]/Z_0 & -2S_{12}/Z_0 \\ -2S_{21}/Z_0 & [(1+S_{11})(1-S_{22})+S_{12}S_{21}]/Z_0 \end{bmatrix}$	
A	$\dfrac{1}{2S_{21}}\begin{bmatrix} (1+S_{11})(1-S_{22})+S_{12}S_{21} & Z_0[(1+S_{11})(1+S_{22})-S_{12}S_{21}] \\ [(1-S_{11})(1-S_{22})-S_{12}S_{21}]/Z_0 & (1-S_{11})(1+S_{22})+S_{12}S_{21} \end{bmatrix}$	

其中：$\Delta_1=(1-S_{11})(1-S_{22})-S_{12}S_{21}$，$\Delta_2=(1+S_{11})(1+S_{22})-S_{12}S_{21}$

6.4　微波网络参量的性质

当微波网络具有特殊的结构或者为无损耗网络时，具有一些特殊的性质。

6.4.1　互易网络

当微波元件内部所填充介质均匀且具有各向同性时，其等效网络具有互易性。一个二端口互易网络具有如下特性：

$$\begin{cases} Z_{12}=Z_{21} \\ Y_{12}=Y_{21} \\ AD-BC=1 \\ S_{12}=S_{21} \\ T_{11}T_{22}-T_{12}T_{21}=1 \end{cases} \tag{6.40}$$

对于 n 端口互易网络，有

$$S_{ij}=S_{ji} \quad (i,j=1,2,\cdots,n; i\neq j) \tag{6.41}$$

6.4.2　对称网络

若微波元件在结构上具有对称性，即相对于某一对称面，从元件的不同端口看进去的结构完全相同，则其等效网络为对称网络。一个二端口对称网络具有如下特性：

$$\begin{cases} Z_{11}=Z_{22},\ Z_{12}=Z_{21} \\ Y_{11}=Y_{22},\ Y_{12}=Y_{21} \\ A=D,\ A^2-BC=1 \\ S_{11}=S_{22},\ S_{12}=S_{21} \\ T_{12}=-T_{21} \end{cases} \tag{6.42}$$

对于 n 端口对称网络，有

$$S_{ii}=S_{jj},\ S_{ij}=S_{ji} \quad (i,j=1,2,\cdots,n) \tag{6.43}$$

显然，对称网络必是互易网络，但反之不一定成立。

6.4.3　无耗网络

若构成微波元件的导体为理想导体，元件内部所填充介质为理想介质，则元件本身无损耗，其等效网络为无耗网络。

对于无耗网络，网络各端口的输出功率之和等于网络输入总功率，网络本身无能量损耗，反映在网络参量 Z 和 Y 中为

$$Z_{ij}=\mathrm{j}X_{ij},\ Y_{ij}=-\mathrm{j}B_{ij} \quad (i,j=1,2,\cdots,n) \tag{6.44}$$

式中，X_{ij} 为电抗，$-B_{ij}$ 为电纳。

笔记

反映在网络参量 S 中为

$$S^{\mathrm{T}}S^* = I \qquad (6.45)$$

式中，S^{T} 为 S 的转置矩阵，若网络可逆，则 $S^{\mathrm{T}} = S$，S^* 为 S 的共轭矩阵，I 为单位矩阵。于是，可以得出互易无耗二端口网络的 S 矩阵满足如下关系：

$$\begin{bmatrix} S_{11} & S_{12} \\ S_{12} & S_{22} \end{bmatrix}\begin{bmatrix} S_{11}^* & S_{12}^* \\ S_{12}^* & S_{22}^* \end{bmatrix} = \begin{bmatrix} 1 & 0 \\ 0 & 1 \end{bmatrix} \qquad (6.46)$$

把式(6.46)展开，有

$$|S_{11}|^2 + |S_{12}|^2 = 1 \qquad (6.47)$$

$$S_{11}S_{12}^* + S_{12}S_{22}^* = 0 \qquad (6.48)$$

$$S_{12}S_{11}^* + S_{22}S_{12}^* = 0 \qquad (6.49)$$

$$|S_{12}|^2 + |S_{22}|^2 = 1 \qquad (6.50)$$

联立式(6.47)和式(6.50)可得

$$|S_{11}| = |S_{22}| \qquad (6.51)$$

根据式(6.47)可得

$$|S_{12}| = \sqrt{1 - |S_{11}|^2} \qquad (6.52)$$

所以，对于互易无耗二端口网络，只需要知道 $|S_{11}|$，其他三个量 $|S_{22}|$、$|S_{12}|$、$|S_{21}|$ 就可以确定。

6.5　微波网络的外特性参量

一个微波元件在微波系统中所起的作用是通过该微波元件所对应微波网络的外特性参量来描述的，而微波网络的外特性参量又可以用网络参量来表示，所以有必要了解一下微波网络外特性参量和网络参量之间的关系。以下主要介绍二端口网络的外特性参量。

6.5.1　电压传输系数

电压传输系数 T 定义为网络输出端接匹配负载时，输出端参考面上的反射波电压与输入端参考面上的入射波电压之比，即

$$T = \frac{b_2}{a_1}\bigg|_{a_2=0} \qquad (6.53)$$

根据 S 参量的定义可以看出电压传输系数 T 等于散射参量 S_{21}，即

$$T = \frac{b_2}{a_1}\bigg|_{a_2=0} = S_{21} \qquad (6.54)$$

对于互易二端口网络，$T = S_{21} = S_{12}$。

6.5.2　插入损耗

插入损耗 L 定义为网络输出端接匹配负载时，网络输入端入射波功率

✐ 笔记

与负载吸收功率之比，即

$$L = \frac{P_{\mathrm{i}}}{P_{\mathrm{L}}}\bigg|_{a_2=0} = \frac{|a_1|^2}{|b_2|^2}\bigg|_{a_2=0} = \frac{1}{\left|\dfrac{b_2}{a_1}\right|^2\bigg|_{a_2=0}} = \frac{1}{|S_{21}|^2} \tag{6.55}$$

通常，插入损耗以 L 对应的 dB 值来描述，即 IL(Insertion Loss) 为

$$\mathrm{IL} = 10\lg L = 10\lg \frac{1}{|S_{21}|^2} \quad (\mathrm{dB}) \tag{6.56}$$

对于无源网络，必有 $P_{\mathrm{i}} > P_{\mathrm{L}}$，所以 IL > 0（dB）。对于微波传输系统来说，插入损耗的数值越小表示性能越好。

6.5.3　插入相移

插入相移 θ 定义为网络输出波 b_2 与入射波 a_1 之间的相位差，也就是电压传输系数的相角，由于 $T = |T|\,\mathrm{e}^{\mathrm{j}\theta} = |S_{21}|\,\mathrm{e}^{\mathrm{j}\varphi_{21}}$，因此有

$$\theta = \varphi_{21} \tag{6.57}$$

6.5.4　插入驻波比

插入驻波比 ρ 定义为网络输出端接匹配负载时，网络输入端的驻波比。当输出端接匹配负载时，输入端电压反射系数的模值 $|\Gamma|$ 等于输入端散射参量 S_{11} 的模值 $|S_{11}|$，所以有

$$\rho = \frac{1 + |\Gamma|}{1 - |\Gamma|} = \frac{1 + |S_{11}|}{1 - |S_{11}|} \tag{6.58}$$

由以上分析可以看出，微波网络的 4 个外特性参量均与 S 参量有关，由于 S 参量也比较容易测得，只要确定了 S 参量，微波网络的外特性参量也就确定了，这也是 S 参量获得广泛应用的原因之一。

6.6　微波网络的组合

通常微波系统是由若干简单系统或者元件按照一定方式组合而成的，因此，研究微波网络的组合方式十分必要。以下介绍几种典型的组合方式，并用网络参量矩阵进行描述。

6.6.1　网络的串联

两个二端口网络 N_1 和 N_2 按照图 6.12 所示的方式串联起来，形成一个新的二端口网络，这种连接方式称为网络的串联。注意将串联与微波网络的级联进行区分。

笔记

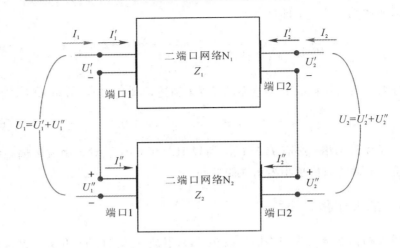

图 6.12　网络的串联

两个二端口网络 N_1 和 N_2 的阻抗参量分别为 Z_1 和 Z_2，串联组合后所构成新的二端口网络的阻抗参量为 Z，根据以下分析可以得到 Z 与 Z_1、Z_2 的关系。

对于二端口网络 N_1，有

$$\begin{bmatrix} U_1' \\ U_2' \end{bmatrix} = \mathbf{Z}_1 \begin{bmatrix} I_1' \\ I_2' \end{bmatrix} \tag{6.59}$$

对于二端口网络 N_2，有

$$\begin{bmatrix} U_1'' \\ U_2'' \end{bmatrix} = \mathbf{Z}_2 \begin{bmatrix} I_1'' \\ I_2'' \end{bmatrix} \tag{6.60}$$

对于新的二端口网络，有

$$\begin{bmatrix} U_1 \\ U_2 \end{bmatrix} = \mathbf{Z} \begin{bmatrix} I_1 \\ I_2 \end{bmatrix} \tag{6.61}$$

根据图 6.12 所示的网络连接方式可知，$U_1 = U_1' + U_1''$，$U_2 = U_2' + U_2''$，$I_1 = I_1' = I_1''$，$I_2 = I_2' = I_2''$，所以式(6.61)变换为：

$$\begin{bmatrix} U_1 \\ U_2 \end{bmatrix} = \begin{bmatrix} U_1' + U_1'' \\ U_2' + U_2'' \end{bmatrix} = \begin{bmatrix} U_1' \\ U_2' \end{bmatrix} + \begin{bmatrix} U_1'' \\ U_2'' \end{bmatrix} = \mathbf{Z}_1 \begin{bmatrix} I_1' \\ I_2' \end{bmatrix} + \mathbf{Z}_2 \begin{bmatrix} I_1'' \\ I_2'' \end{bmatrix} = \mathbf{Z} \begin{bmatrix} I_1 \\ I_2 \end{bmatrix} \tag{6.62}$$

于是，两个二端口网络串联后得到的新二端口网络的阻抗参量 Z 与原二端口网络阻抗参量 Z_1 和 Z_2 的关系为

$$\mathbf{Z} = \mathbf{Z}_1 + \mathbf{Z}_2 \tag{6.63}$$

如果是 n 个二端口网络串联，则串联后新二端口网络的阻抗参量 Z 为

$$\mathbf{Z} = \mathbf{Z}_1 + \mathbf{Z}_2 + \cdots + \mathbf{Z}_n \tag{6.64}$$

6.6.2　网络的并联

两个二端口网络 N_1 和 N_2 按照图 6.13 所示的方式并联起来，形成一个新的二端口网络，这种连接方式称为网络的并联。

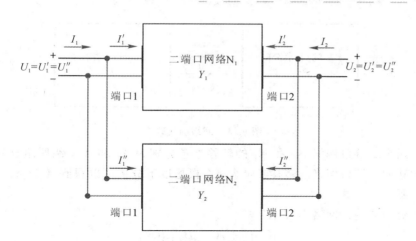

图 6.13　网络的并联

两个二端口网络 N_1 和 N_2 的导纳参量分别为 $\boldsymbol{Y}_1$ 和 $\boldsymbol{Y}_2$，并联组合后所构成的新的二端口网络的导纳参量为 $\boldsymbol{Y}$，根据以下分析可以得到 $\boldsymbol{Y}$ 与 $\boldsymbol{Y}_1$、$\boldsymbol{Y}_2$ 的关系。

对于二端口网络 N_1，有

$$\begin{bmatrix} I'_1 \\ I'_2 \end{bmatrix} = \boldsymbol{Y}_1 \begin{bmatrix} U'_1 \\ U'_2 \end{bmatrix} \tag{6.65}$$

对于二端口网络 N_2，有：

$$\begin{bmatrix} I''_1 \\ I''_2 \end{bmatrix} = \boldsymbol{Y}_2 \begin{bmatrix} U''_1 \\ U''_2 \end{bmatrix} \tag{6.66}$$

对于新的二端口网络，有

$$\begin{bmatrix} I_1 \\ I_2 \end{bmatrix} = \boldsymbol{Y} \begin{bmatrix} U_1 \\ U_2 \end{bmatrix} \tag{6.67}$$

根据图 6.13 所示的网络连接方式可知，$U_1 = U'_1 = U''_1$，$U_2 = U'_2 = U''_2$，$I_1 = I'_1 + I''_1$，$I_2 = I'_2 + I''_2$，所以式(6.67)变换为

$$\begin{bmatrix} I_1 \\ I_2 \end{bmatrix} = \begin{bmatrix} I'_1 + I''_1 \\ I'_2 + I''_2 \end{bmatrix} = \begin{bmatrix} I'_1 \\ I'_2 \end{bmatrix} + \begin{bmatrix} I''_1 \\ I''_2 \end{bmatrix} = \boldsymbol{Y}_1 \begin{bmatrix} U'_1 \\ U'_2 \end{bmatrix} + \boldsymbol{Y}_2 \begin{bmatrix} U''_1 \\ U''_2 \end{bmatrix} = \boldsymbol{Y} \begin{bmatrix} U_1 \\ U_2 \end{bmatrix} \tag{6.68}$$

于是，两个二端口网络并联后得到的新二端口网络的导纳矩阵 $\boldsymbol{Y}$ 与原二端口网络导纳参量 $\boldsymbol{Y}_1$ 和 $\boldsymbol{Y}_2$ 的关系为

$$\boldsymbol{Y} = \boldsymbol{Y}_1 + \boldsymbol{Y}_2 \tag{6.69}$$

如果是 n 个二端口网络并联，则并联后新二端口网络的导纳参量 $\boldsymbol{Y}$ 为

$$\boldsymbol{Y} = \boldsymbol{Y}_1 + \boldsymbol{Y}_2 + \cdots + \boldsymbol{Y}_n \tag{6.70}$$

6.6.3　网络的级联

两个二端口网络 N_1 和 N_2 按照图 6.14 所示的方式一级接一级组合起来，形成一个新的二端口网络，这种连接方式称为网络的级联。

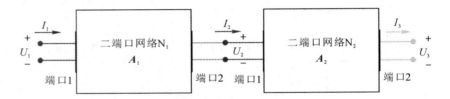

图 6.14　网络的级联

两个二端口网络 N_1 和 N_2 的转移参量分别为 $\boldsymbol{A}_1$ 和 $\boldsymbol{A}_2$，级联组合后构成的新的二端口网络的转移参量为 $\boldsymbol{A}$，根据以下分析可以得到 $\boldsymbol{A}$ 与 $\boldsymbol{A}_1$、$\boldsymbol{A}_2$ 的关系。

对于二端口网络 N_1，有

$$\begin{bmatrix} U_1 \\ I_1 \end{bmatrix} = \begin{bmatrix} A_1 & B_1 \\ C_1 & D_1 \end{bmatrix} \begin{bmatrix} U_2 \\ I_2 \end{bmatrix} \tag{6.71}$$

对于二端口网络 N_2，有

$$\begin{bmatrix} U_2 \\ I_2 \end{bmatrix} = \begin{bmatrix} A_2 & B_2 \\ C_2 & D_2 \end{bmatrix} \begin{bmatrix} U_3 \\ I_3 \end{bmatrix} \tag{6.72}$$

对于新的二端口网络，把式(6.72)代入式(6.71)中，有

$$\begin{bmatrix} U_1 \\ I_1 \end{bmatrix} = \begin{bmatrix} A_1 & B_1 \\ C_1 & D_1 \end{bmatrix} \begin{bmatrix} U_2 \\ I_2 \end{bmatrix} = \begin{bmatrix} A_1 & B_1 \\ C_1 & D_1 \end{bmatrix} \begin{bmatrix} A_2 & B_2 \\ C_2 & D_2 \end{bmatrix} \begin{bmatrix} U_3 \\ I_3 \end{bmatrix} \tag{6.73}$$

于是，两个二端口网络级联后得到的新二端口网络的转移参量 $\boldsymbol{A}$ 与原二端口网络的转移参量 $\boldsymbol{A}_1$ 和 $\boldsymbol{A}_2$ 的关系为

$$\boldsymbol{A} = \boldsymbol{A}_1 \cdot \boldsymbol{A}_2 \tag{6.74}$$

如果是 n 个二端口网络级联，则级联后新二端口网络的转移参量 $\boldsymbol{A}$ 为

$$\boldsymbol{A} = \boldsymbol{A}_1 \cdot \boldsymbol{A}_2 \cdot \cdots \cdot \boldsymbol{A}_n \tag{6.75}$$

例 6.5　如图 6.15 所示，在长度为 l 的一段传输线的两端并联电纳 B_1，求 T_1、T_2 之间总网络的转移参量。

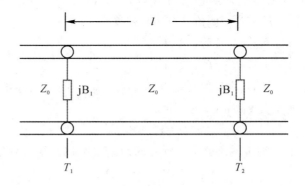

图 6.15　例题 6.5 图

解　对图 6.15 中 T_1、T_2 之间总网络直接求转移参量，过程比较复杂，可以把总网络看成是如图 6.16 中三个网络的级联，通过级联网络参量的性质可以求出总网络的转移参量。

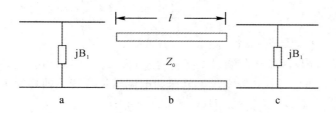

图 6.16　三个网络的级联

（1）先求网络 a 的转移参量 $\boldsymbol{A}_a$。

根据二端口网络转移参量的定义可以很容易求出网络 a 转移参量中的参数为

$$A=\left.\frac{U_1}{U_2}\right|_{I_2=0}=1$$

$$B=\left.\frac{U_1}{I_2}\right|_{U_2=0}=0$$

$$C=\left.\frac{I_1}{U_2}\right|_{I_2=0}=\mathrm{j}B_1$$

$$D=\left.\frac{I_1}{I_2}\right|_{U_2=0}=1$$

所以网络 a 的转移参量为

$$\boldsymbol{A}_a=\begin{bmatrix}1&0\\\mathrm{j}B_1&1\end{bmatrix}$$

由于网络 c 与 a 的结构一致，因此它们的网络转移参量也一样。

（2）求网络 b 的转移参量 $\boldsymbol{A}_b$。

按照定义首先求 A 和 C，需要在端口 2 开路条件下（$I_2=0$）求解。当端口 2 开路时，根据式（2.65）可知，传输线上电压和电流随位置变化的规律为

$$\begin{cases}U(z)=2A_1\cos\beta z\\I(z)=\dfrac{\mathrm{j}2A_1\sin\beta z}{Z_0}\end{cases}\tag{6.76}$$

对于长度为 l 的传输线，根据式（6.76）可以求出输入端即端口 1 的电压为

$$U_1=U(l)=2A_1\cos\beta l$$

终端即端口 2 的电压为

$$U_2=U(0)=2A_1$$

端口 1 的电流为

$$I_1=I(l)=\frac{\mathrm{j}2A_1\sin\beta l}{Z_0}$$

于是有

$$A=\left.\frac{U_1}{U_2}\right|_{I_2=0}=\frac{2A_1\cos\beta l}{2A_1}=\cos\beta l$$

笔记

$$C = \frac{I_1}{U_2}\bigg|_{I_2=0} = \frac{\dfrac{\mathrm{j}2A_1\sin\beta l}{Z_0}}{2A_1} = \frac{\mathrm{j}\sin\beta l}{Z_0}$$

再求 B 和 D，需要在端口 2 短路条件下（$U_2=0$）求解。当端口 2 短路时，根据式（2.61）可知，传输线上电压和电流随位置变化的规律为

$$\begin{cases} U(z) = \mathrm{j}2A_1\sin\beta z \\ I(z) = \dfrac{2A_1\cos\beta z}{Z_0} \end{cases} \tag{6.77}$$

对于长度为 l 的传输线，根据式（6.77）可以求出输入端即端口 1 的电压为

$$U_1 = U(l) = \mathrm{j}2A_1\sin\beta l$$

端口 1 的电流为

$$I_1 = I(l) = \frac{2A_1\cos\beta l}{Z_0}$$

终端即端口 2 的电流为

$$I_2 = I(0) = \frac{2A_1}{Z_0}$$

于是有

$$B = \frac{U_1}{I_2}\bigg|_{U_2=0} = \frac{\mathrm{j}2A_1\sin\beta l}{\dfrac{2A_1}{Z_0}} = \mathrm{j}Z_0\sin\beta l$$

$$D = \frac{I_1}{I_2}\bigg|_{U_2=0} = \frac{\dfrac{2A_1\cos\beta l}{Z_0}}{\dfrac{2A_1}{Z_0}} = \cos\beta l$$

所以网络 b 的转移参量为

$$\boldsymbol{A}_b = \begin{bmatrix} \cos\beta l & \mathrm{j}Z_0\sin\beta l \\ \dfrac{\mathrm{j}\sin\beta l}{Z_0} & \cos\beta l \end{bmatrix}$$

根据级联网络的性质可以得到总网络的转移参量为

$$\boldsymbol{A} = \boldsymbol{A}_a\boldsymbol{A}_b\boldsymbol{A}_c = \begin{bmatrix} A & B \\ C & D \end{bmatrix} = \begin{bmatrix} 1 & 0 \\ \mathrm{j}B_1 & 1 \end{bmatrix} \begin{bmatrix} \cos\beta l & \mathrm{j}Z_0\sin\beta l \\ \dfrac{\mathrm{j}\sin\beta l}{Z_0} & \cos\beta l \end{bmatrix} \begin{bmatrix} 1 & 0 \\ \mathrm{j}B_1 & 1 \end{bmatrix}$$

$$= \begin{bmatrix} \cos\beta l - B_1 Z_0\sin\beta l & \mathrm{j}Z_0\sin\beta l \\ \mathrm{j}2B_1\cos\beta l + \dfrac{\mathrm{j}\sin\beta l}{Z_0} - \mathrm{j}B_1^2 Z_0\sin\beta l & -B_1 Z_0\sin\beta l + \cos\beta l \end{bmatrix}$$

6.7 本章小结

本章主要介绍了微波网络的概念，针对二端口微波网络参量，特别是散射参量进行了重点介绍。微波网络方法是实际微波工程应用中的重要手段，

微波网络参量可以通过实验来测量或者通过计算来得到，微波网络的外部特性可以通过网络参量来得到。需要说明的是，"场"的方法是"路"的方法的基础，微波网络中等效关系的建立必须在符合实际场分布特性结果的基础上进行。此外，尽管许多微波元件都适合采用"路"的方法进行分析，但仍有一些微波元件适合采用"场"的方法进行分析，如波导、谐振腔等。因此，在实际应用中需要根据具体情况将"场""路"和"测量"三种方法结合起来对微波系统进行研究。

6.8　本章主要知识表格

二端口网络的阻抗参量、导纳参量、转移参量和散射参量的定义和物理意义分别如表 6.5 至表 6.8 所示。微波网络的性质及网络组合特性如表 6.9 所示。二端口微波网络的外特性参量如表 6.10 所示。

表 6.5　二端口网络阻抗参量的物理意义

阻抗参量	物　理　意　义
$Z_{11}=\dfrac{U_1}{I_1}\bigg|_{I_2=0}$	表示端口 2 开路$(I_2=0)$时端口 1 的输入阻抗
$Z_{12}=\dfrac{U_1}{I_2}\bigg|_{I_1=0}$	表示端口 1 开路$(I_1=0)$时端口 2 到端口 1 的转移阻抗
$Z_{21}=\dfrac{U_2}{I_1}\bigg|_{I_2=0}$	表示端口 2 开路$(I_2=0)$时端口 1 到端口 2 的转移阻抗
$Z_{22}=\dfrac{U_2}{I_2}\bigg|_{I_1=0}$	表示端口 1 开路$(I_1=0)$时端口 2 的输入阻抗

表 6.6　二端口网络导纳参量的物理意义

导纳参量	物　理　意　义
$Y_{11}=\dfrac{I_1}{U_1}\bigg|_{U_2=0}$	表示端口 2 短路$(U_2=0)$时端口 1 的输入导纳
$Y_{12}=\dfrac{I_1}{U_2}\bigg|_{U_1=0}$	表示端口 1 短路$(U_1=0)$时端口 2 到端口 1 的转移导纳
$Y_{21}=\dfrac{I_2}{U_1}\bigg|_{U_2=0}$	表示端口 2 短路$(U_2=0)$时端口 1 到端口 2 的转移导纳
$Y_{22}=\dfrac{I_2}{U_2}\bigg|_{U_1=0}$	表示端口 1 短路$(U_1=0)$时端口 2 的输入导纳

笔记

表 6.7　二端口网络转移参量的物理意义

转移参量	物 理 意 义
$A = \dfrac{U_1}{U_2}\bigg|_{I_2=0}$	表示端口 2 开路（$I_2=0$）时端口 2 到端口 1 的电压转移系数
$B = \dfrac{U_1}{I_2}\bigg|_{U_2=0}$	表示端口 2 短路（$U_2=0$）时端口 2 到端口 1 的转移阻抗
$C = \dfrac{I_1}{U_2}\bigg|_{I_2=0}$	表示端口 2 开路（$I_2=0$）时端口 2 到端口 1 的转移导纳
$D = \dfrac{I_1}{I_2}\bigg|_{U_2=0}$	表示端口 2 短路（$U_2=0$）时端口 2 到端口 1 的电流转移系数

表 6.8　二端口网络散射参量的物理意义

散射参量	物 理 意 义
$S_{11} = \dfrac{b_1}{a_1}\bigg|_{a_2=0}$	表示端口 2 接匹配负载（$a_2=0$）时端口 1 上的电压反射系数
$S_{12} = \dfrac{b_1}{a_2}\bigg|_{a_1=0}$	表示端口 1 接匹配负载（$a_1=0$）时端口 2 到端口 1 的电压传输系数
$S_{21} = \dfrac{b_2}{a_1}\bigg|_{a_2=0}$	表示端口 2 接匹配负载（$a_2=0$）时端口 1 到端口 2 的电压传输系数
$S_{22} = \dfrac{b_2}{a_2}\bigg|_{a_1=0}$	表示端口 1 接匹配负载（$a_1=0$）时端口 2 的电压反射系数

表 6.9　微波网络的性质及网络组合特性

网　　络	性　　质
互易网络（二端口）	$\begin{cases} Z_{12}=Z_{21} \\ Y_{12}=Y_{21} \\ AD-BC=1 \\ S_{12}=S_{21} \\ T_{11}T_{22}-T_{12}T_{21}=1 \end{cases}$
对称网络（二端口）	$\begin{cases} Z_{11}=Z_{22},\ Z_{12}=Z_{21} \\ Y_{11}=Y_{22},\ Y_{12}=Y_{21} \\ A=D,\ A^2-BC=1 \\ S_{11}=S_{22},\ S_{12}=S_{21} \\ T_{12}=-T_{21} \end{cases}$
无耗网络	$\begin{cases} Z_{ij}=\mathrm{j}X_{ij},\ Y_{ij}=-\mathrm{j}B_{ij}\ (i,j=1,2,\cdots,n) \\ \boldsymbol{S}^{\mathrm{T}}\boldsymbol{S}^{*}=\boldsymbol{I} \end{cases}$
网络的串联	$\boldsymbol{Z}=\boldsymbol{Z}_1+\boldsymbol{Z}_2+\cdots+\boldsymbol{Z}_n$
网络的并联	$\boldsymbol{Y}=\boldsymbol{Y}_1+\boldsymbol{Y}_2+\cdots+\boldsymbol{Y}_n$
网络的级联	$\boldsymbol{A}=\boldsymbol{A}_1\cdot\boldsymbol{A}_2\cdot\cdots\cdot\boldsymbol{A}_n$

表 6.10　二端口微波网络的外特性参量

外特性参量	公　　式
电压传输系数 T	$T = S_{21}$
插入损 IL	$IL = 10 \lg \dfrac{1}{\mid S_{21} \mid^2}$　（dB）
插入相移 θ	$\theta = \varphi_{21}$　$(T = \mid T \mid e^{j\theta} = \mid S_{21} \mid e^{j\varphi_{21}})$
插入驻波比 ρ	$\rho = \dfrac{1 + \mid S_{11} \mid}{1 - \mid S_{11} \mid}$

6.9　本章习题

（1）说明二端口网络散射参量的定义及其物理意义，并给出两端参考面各内移 l 长度后散射参量 S' 与原 S 的关系式。

（2）已知某二端口网络的 S 矩阵为

$$S = \begin{bmatrix} 0.3e^{j0°} & 0.7e^{j90°} \\ 0.7e^{j90°} & 0.3e^{j0°} \end{bmatrix}$$

问：该网络是否是互易网络？是否是对称网络？是否是无耗网络？

（3）按序号顺序补充表 6.11 中单元网络的各参量。

表 6.11　习题（3）用表

	Z_0　Z	Y_0　Y	Z_0　l
Z 矩阵	——	④	⑥
Y 矩阵	①	——	⑦
A 矩阵	②	$\begin{bmatrix} 1 & 0 \\ Y & 1 \end{bmatrix}$	⑧
S 矩阵	③	⑤	$\begin{bmatrix} 0 & e^{-j\beta l} \\ e^{-j\beta l} & 0 \end{bmatrix}$

（4）如图 6.17 所示的 T 型网络，求 T_1，T_2 参考面的转移参量。

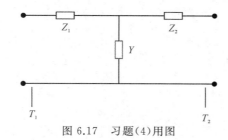

图 6.17　习题（4）用图

（5）如图 6.18 所示的微波网络，求 S 矩阵，说明求解思路。

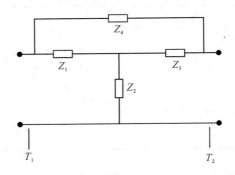

图 6.18　习题（5）用图

第7章 现象——线间串扰

串扰是四类信号完整性问题之一，信号完整性是指信号在传输路径上的质量。在高速互连中，传输线间同时存在电场耦合和磁场耦合，在它们的共同作用下就会产生串扰。当传输线工作在较高频率时，信号的上升(下降)时间较短，由此引发的瞬时电压转换会引起严重的串扰，当两条传输线在布线空间上越接近，产生的串扰就会越严重。串扰会严重影响信号的传输质量，导致数据传输的丢失和传输错误。本章主要回答如下问题。

（1）微带线的特征是什么？

（2）串扰是什么？

（3）影响微带线间串扰的主要因素有哪些？

7.1 微带线

微带线是一种平面型结构，广泛应用于印刷电路板的制作。微带线是在介质基片上的一面制作导体，另一面制作接地金属板而构成。微带线的结构如图 7.1 所示。微带线是半开放系统，虽然接地金属板可以阻挡场的泄露，但是导体会带来辐射。微带线的缺点是高损耗以及相邻导体带之间容易形成干扰。微带线的导体与接地金属板之间存在两种介质，导体上方为空气，下方为基片介质，存在着介质分界面，因此，微带线不能传输 TEM 波，而是传输准 TEM 波。

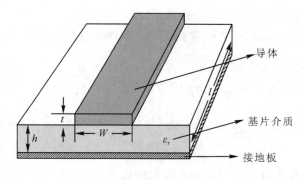

图 7.1 微带线的结构

笔记

由于微带线结构处于空气和基片两种介质中，而非一种均匀介质，因此对微带线的分析需要将非均匀介质问题转化为均匀介质问题。为此，用均匀介质等效后的有效介电常数 ε_e 来解决微带线分析问题。

微带线有效介电常数的含义如图 7.2 所示。如果将导体下面的基片介质去掉，则成为图 7.2(a) 所示的全部由空气(介电常数为 ε_0)填充的结构；如果导体上方也填充和基片介质一致的介质(介电常数为 $\varepsilon_0\varepsilon_r$)，则成为图 7.2(b) 所示的全部由一种介质填充的结构；而图 7.2(c) 所示的结构就是微带线结构，上方为空气(介电常数为 ε_0)，下方为基片介质(介电常数为 $\varepsilon_0\varepsilon_r$)；为了分析微带线，可以把图 7.2(c) 的微带线结构中的非均匀填充等效为介电常数为 ε_e 的均匀填充，如图 7.2(d) 所示，这种微带线具有和图 7.2(c) 微带线相同的相速度和特性阻抗，其等效关系由有效相对介电常数 $\varepsilon_{re}(1<\varepsilon_{re}<\varepsilon_r)$ 决定。

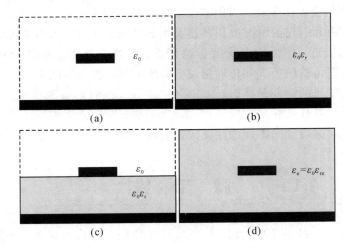

图 7.2　微带线的有效介电常数

微带线有效相对介电常数的近似计算公式为

$$\begin{cases} \varepsilon_{re}=\dfrac{\varepsilon_r+1}{2}+\dfrac{\varepsilon_r-1}{2}\left[\left(2+\dfrac{12h}{W}\right)^{-0.5}+0.041\left(1-\dfrac{W}{h}\right)^2\right], \ W\leqslant h \\ \varepsilon_{re}=\dfrac{\varepsilon_r+1}{2}+\dfrac{\varepsilon_r-1}{2}\left(1+\dfrac{12h}{W}\right)^{-0.5}, \ W\geqslant h \end{cases} \quad (7.1)$$

式中，W 为导体宽度，h 为基片介质厚度。

利用微带线有效相对介电常数可以得到微带线特性阻抗 Z_0 的近似计算公式为

$$\begin{cases} Z_0=\dfrac{60}{\sqrt{\varepsilon_{re}}}\ln\left(\dfrac{8h}{W}+\dfrac{W}{4h}\right), \ W\leqslant h \\ Z_0=\dfrac{120\pi}{\sqrt{\varepsilon_{re}}\left[\dfrac{W}{h}+1.393+0.667\ln\left(\dfrac{W}{h}+1.444\right)\right]}, \ W\geqslant h \end{cases} \quad (7.2)$$

在对微带线实际尺寸设计中，给定特性阻抗 Z_0 和相对介电常数 ε_r 后，可以计算出 W/h 的值：

$$\begin{cases} \dfrac{W}{h}=\dfrac{8e^A}{e^{2A}-2}, \dfrac{W}{h}\leqslant 2 \\[3mm] \dfrac{W}{h}=\dfrac{2}{\pi}\left\{B-1-\ln(2B-1)+\dfrac{\varepsilon_r-1}{2\varepsilon_r}\left[\ln(B-1)+0.39-\dfrac{0.61}{\varepsilon_r}\right]\right\}, W\geqslant 2 \end{cases}$$

$$(7.3)$$

✍ 笔记

式(7.2)中 A 和 B 的取值如式(7.4)和式(7.5)所示。

$$A=\frac{Z_0}{60}\sqrt{\frac{\varepsilon_r+1}{2}}+\frac{\varepsilon_r-1}{\varepsilon_r+1}\left(0.23+\frac{0.11}{\varepsilon_r}\right) \tag{7.4}$$

$$B=\frac{377\pi}{2Z_0\sqrt{\varepsilon_r}} \tag{7.5}$$

目前，已经有多种软件可以非常方便地计算微带线的特性阻抗，或者反向计算出微带线的尺寸，如图 7.3 所示为先进设计系统(ADS，Advanced Design system)软件中的计算工具。

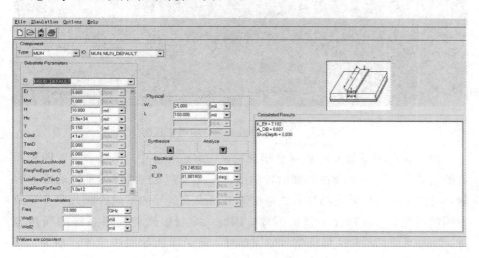

图 7.3　ADS 软件中特性阻抗计算工具

当然，微带线也存在损耗，微带线的损耗包括介质损耗、导体损耗和辐射损耗，以导体损耗和介质损耗为主。当工作在 10 GHz 以下时，微带线的导体损耗比介质损耗要大得多。

7.2　串　扰

随着集成电路技术的进步和客户要求的提高，电子设备向着处理速度更高、物理尺寸更小的方向发展，使得集成电路的工作频率越来越高、规模越来越大、引脚越来越多，印刷电路板上电路的密度越来越大，仅是芯片间通过引脚互连就面临着巨大的挑战。限制印刷电路板上芯片间引脚互连的瓶颈问题之一就是传输线间的串扰。串扰是指有害信号从一个网络转移到

笔记

相邻网络，它普遍存在于芯片、印刷电路板（见图 7.4）、互连件，以及其他非屏蔽的高速高密度电路中。有两种情况会发生串扰，一种是互连线为均匀传输线，电路板上的大多数传输线属于这种情况；另一种是互连线为非均匀传输线，如接插件和封装的场合。

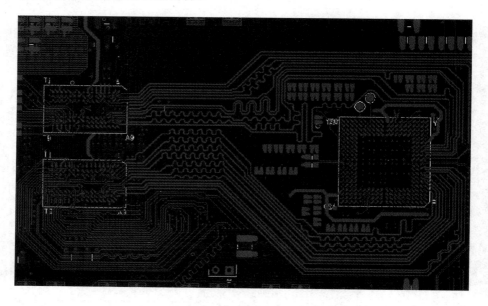

图 7.4   一个电路系统的印刷电路板图

串扰是由传输线间电磁耦合形成的。在高速互连中，串扰会导致两种严重的后果：一是串扰会在相邻的传输线上产生噪声，这将降低系统的噪声容限，损害系统的信号完整性；二是相邻传输线上信号的不同阶跃方向会导致不同的时延，这将恶化系统的时序。因此，抑制串扰能提高系统的噪声容限，改善系统的时序，保证信号的完整性，避免串扰给系统带来误触发、误判决等电路动作。在一般情况下，信号电压摆幅的 15％ 为电路系统的噪声容限，在噪声容限中，串扰只能占到三分之一。然而，实际电路板中所产生的串扰幅值通常大于信号电压摆幅的 5％，已经超过了噪声容限所允许的范围，因此，在高速互连中，预测串扰并通过设计方案减小或者抵消串扰非常重要。

7.2.1   耦合传输线方程

第 2 章在双导线（一条为信号线，一条为返回路径）上推导了传输线方程，对于高速互连系统需要考虑两条传输线或者多条传输线情况下的传输线方程，也就是耦合传输线方程。下面以两条耦合传输线为例推导耦合传输线方程，考虑如图 7.5 所示的两条平行耦合均匀传输线，其对应的电路模型如图 7.6 所示，其上微分段 dz 的等效电路模型如图 7.7 所示，下面应用基尔霍夫定律对其线上的电压和电流进行分析。

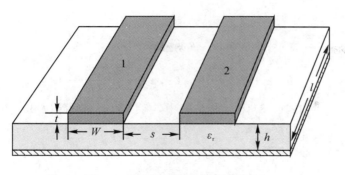

图 7.5　两条平行耦合均匀传输线

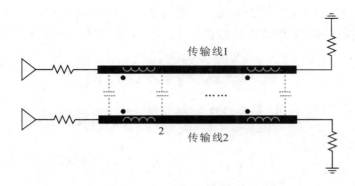

图 7.6　两条平行耦合均匀传输线的电路模型

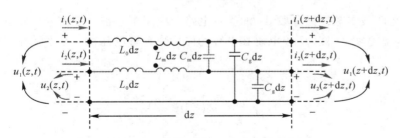

图 7.7　耦合传输线微分段 dz 的等效电路模型

　　为了分析简便，模型中使用了无损耗传输线，线上电压、电流 $u(z,t)$ 和 $i(z,t)$ 经过微分段 dz 后分别为 $u(z+dz,t)$ 和 $i(z+dz,t)$，在两条传输线微分段 dz 的等效电路上应用基尔霍夫定律，分别建立电压方程：

$$
\begin{cases}
u_1(z+dz,t)-u_1(z,t)=-L_0dz\,\dfrac{\partial i_1(z,t)}{\partial t}-L_m dz\,\dfrac{\partial i_2(z,t)}{\partial t} \\[2mm]
u_2(z+dz,t)-u_2(z,t)=-L_m dz\,\dfrac{\partial i_1(z,t)}{\partial t}-L_0 dz\,\dfrac{\partial i_2(z,t)}{\partial t}
\end{cases}
\tag{7.6}
$$

　　每条传输线上的电压变化一部分是自感导致的，还有一部分是互感导致的。其中，L_0 为单位长度传输线的自感，L_m 为单位长度传输线间的互感。

　　令 $u_1(z,t)$ 和 $u_2(z,t)$ 沿 z 的变化率分别为 $\dfrac{\partial u_1(z,t)}{\partial z}$ 和 $\dfrac{\partial u_2(z,t)}{\partial z}$，

则有

$$u_1(z+\mathrm{d}z,t)-u_1(z,t)=\frac{\partial u_1(z,t)}{\partial z}\mathrm{d}z \tag{7.7}$$

$$u_2(z+\mathrm{d}z,t)-u_2(z,t)=\frac{\partial u_2(z,t)}{\partial z}\mathrm{d}z \tag{7.8}$$

把式(7.7)和式(7.8)代入式(7.6)中，等式两边同时除以 $\mathrm{d}z$：

$$\begin{cases}\dfrac{\partial u_1(z,t)}{\partial z}=-L_0\dfrac{\partial i_1(z,t)}{\partial t}-L_{\mathrm{m}}\dfrac{\partial i_2(z,t)}{\partial t}\\[2mm]\dfrac{\partial u_2(z,t)}{\partial z}=-L_{\mathrm{m}}\dfrac{\partial i_1(z,t)}{\partial t}-L_0\dfrac{\partial i_2(z,t)}{\partial t}\end{cases} \tag{7.9}$$

在时谐条件下，令线上电压、电流的复数振幅分别为 $U(z)$、$I(z)$，在第 2 章时谐传输线方程推导的基础上，可以得到耦合传输线方程的电压方程：

$$\begin{cases}\dfrac{\mathrm{d}U_1(z)}{\mathrm{d}z}=-\mathrm{j}\omega L_0 I_1(z)-\mathrm{j}\omega L_{\mathrm{m}} I_2(z)\\[2mm]\dfrac{\mathrm{d}U_2(z)}{\mathrm{d}z}=-\mathrm{j}\omega L_{\mathrm{m}} I_1(z)-\mathrm{j}\omega L_0 I_2(z)\end{cases} \tag{7.10}$$

令 $\boldsymbol{U}=\begin{bmatrix}U_1(z)\\U_2(z)\end{bmatrix}$，$\boldsymbol{I}=\begin{bmatrix}I_1(z)\\I_2(z)\end{bmatrix}$，$\boldsymbol{L}=\begin{bmatrix}L_0&L_{\mathrm{m}}\\L_{\mathrm{m}}&L_0\end{bmatrix}$，则式(7.10)可以写为

$$\frac{\mathrm{d}\boldsymbol{U}}{\mathrm{d}z}=-\mathrm{j}\omega\boldsymbol{L}\boldsymbol{I} \tag{7.11}$$

在两条传输线微分段 $\mathrm{d}z$ 的等效电路上应用基尔霍夫定律分别建立电流方程，注意此时图 7.7 中电感和电容的先后位置可以互换，因此可得：

$$\begin{cases}i_1(z+\mathrm{d}z,t)-i_1(z,t)=-(C_{\mathrm{g}}+C_{\mathrm{m}})\mathrm{d}z\,\dfrac{\partial u_1(z+\mathrm{d}z,t)}{\partial t}+\\[2mm]\qquad\qquad\qquad\qquad\quad \mathrm{j}\omega C_{\mathrm{m}}\mathrm{d}z\,\dfrac{\partial u_2(z+\mathrm{d}z,t)}{\partial t}\\[2mm]i_2(z+\mathrm{d}z,t)-i_2(z,t)=\mathrm{j}\omega C_{\mathrm{m}}\mathrm{d}z\,\dfrac{\partial u_1(z+\mathrm{d}z,t)}{\partial t}-\\[2mm]\qquad\qquad\qquad\qquad\quad (C_{\mathrm{g}}+C_{\mathrm{m}})\mathrm{d}z\,\dfrac{\partial u_2(z+\mathrm{d}z,t)}{\partial t}\end{cases} \tag{7.12}$$

这里，每条线上的电流变化也是两部分，以传输线 1 为例，一部分是 $u_1(z)$ 引起的电流变化正比于对地电容和传输线间互容，还有一部分电流变化是 $u_2(z)$ 对互容的充电。其中，C_{g} 为单位长度传输线的对地电容，C_{m} 为单位长度传输线间的互容。

同样，在第 2 章时谐传输线方程推导的基础上，可以得到耦合传输线方程的电流方程：

$$\begin{cases}\dfrac{\mathrm{d}I_1(z)}{\mathrm{d}z}=-\mathrm{j}\omega(C_{\mathrm{g}}+C_{\mathrm{m}})U_1(z)+\mathrm{j}\omega C_{\mathrm{m}}U_2(z)\\[2mm]\dfrac{\mathrm{d}I_2(z)}{\mathrm{d}z}=\mathrm{j}\omega C_{\mathrm{m}}U_1(z)-\mathrm{j}\omega(C_{\mathrm{g}}+C_{\mathrm{m}})U_2(z)\end{cases} \tag{7.13}$$

令 $\boldsymbol{U}=\begin{bmatrix} U_1(z) \\ U_2(z) \end{bmatrix}$, $\boldsymbol{I}=\begin{bmatrix} I_1(z) \\ I_2(z) \end{bmatrix}$, $\boldsymbol{C}=\begin{bmatrix} (C_g+C_m) & -C_m \\ -C_m & (C_g+C_m) \end{bmatrix}$, 则式

✍ 笔记

(7.13)可以写为

$$\frac{\mathrm{d}\boldsymbol{I}}{\mathrm{d}z} = -\mathrm{j}\omega \boldsymbol{C}\boldsymbol{U} \tag{7.14}$$

在式(7.11)和式(7.13)的两边对 z 进行微分:

$$\frac{\mathrm{d}^2\boldsymbol{U}}{\mathrm{d}z^2} = -\mathrm{j}\omega \boldsymbol{L}\ \frac{\mathrm{d}\boldsymbol{I}}{\mathrm{d}z} \tag{7.15}$$

$$\frac{\mathrm{d}^2\boldsymbol{I}}{\mathrm{d}z^2} = -\mathrm{j}\omega \boldsymbol{C}\ \frac{\mathrm{d}\boldsymbol{U}}{\mathrm{d}z} \tag{7.16}$$

把式(7.14)代入式(7.15)中,有

$$\frac{\mathrm{d}^2\boldsymbol{U}}{\mathrm{d}z^2} = -\omega^2 \boldsymbol{L}\boldsymbol{C}\boldsymbol{U} \tag{7.17}$$

这就是耦合传输线电压方程。同理,把式(7.11)代入式(7.16)中,得到耦合传输线电流方程:

$$\frac{\mathrm{d}^2\boldsymbol{I}}{\mathrm{d}z^2} = -\omega^2 \boldsymbol{C}\boldsymbol{L}\boldsymbol{I} \tag{7.18}$$

式(7.17)和式(7.18)说明了系统中每条传输线上的信号传输情形,包括传输线的自身信号和其他传输线通过电磁场耦合而来的信号,其中,从其他传输线通过电磁耦合到当前传输线上的信号就是串扰。

7.2.2　串扰的定义

在高速互连系统中,数字信号在芯片间或者芯片内各部件之间的互连线上呈现出电磁波的特性,这是因为当数字信号的上升(下降)时间以及数字信号的宽度达到了皮秒量级甚至更高时,数字信号所对应的频谱高端则已达到毫米波波段,此时数字信号中高频谐波的波长和互连线的长度具有可比性,互连线为长线。于是,数字信号在互连线上传输时就具有电磁波的特性,这将导致数字信号的波形在传输过程中受到一定程度的破坏。

根据耦合传输线方程,串扰是由电容耦合和电感耦合共同作用而形成的,如图 7.8 所示,耦合微带线是在同一介质基片上置有两条或多条平行导体并互相耦合的微带传输线,把相互耦合的两条传输线分别称为干扰线和受扰线,当信号经过干扰线时,在受扰线的两端就会产生串扰信号,把受扰线上距离干扰源端较近的一端称为"近端",距离干扰源端较远的一端称为"远端",在这两端所产生的串扰分别称为近端串扰(NEXT, Near End Crosstalk)和远端串扰(FEXT, Far End Crosstalk)。如图 7.9 所示,当干扰线上有激励信号时,受扰线上将产生近端串扰和远端串扰。对于多条传输线同向传输数据而言(例如中央处理器与存储器之间地址线上的地址数据传输;芯片和芯片之间的单向数据传输等),FEXT 较 NEXT 所引起的后果更加严重。

笔记

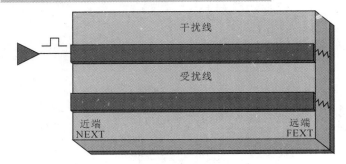

图 7.8 两条耦合微带线间串扰的定义

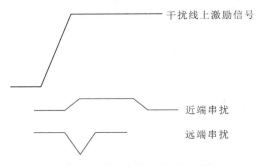

图 7.9 近端串扰与远端串扰

7.2.3 串扰的时域表示

在对串扰认识的基础上，本节进一步推导静态传输线上串扰的时域表达式，主要推导弱耦合情况下远端串扰的时域表达式。如图 7.10 所示，两条平行耦合传输线的终端都进行了阻抗匹配，传输线 2 上的串扰由传输线 1 上的输入信号耦合而来，耦合分为容性耦合和感性耦合，先来求传输线 2 上时域近端串扰 Δu_b 和时域远端串扰 Δu_f。

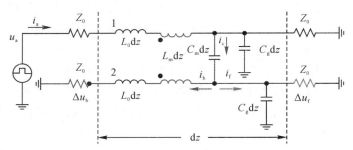

图 7.10 分析时域串扰的两条平行耦合传输线等效电路模型

首先求解由容性耦合导致的串扰，在传输线 2 上应用欧姆定律，可得

$$\begin{cases} \Delta u_b = i_b Z_0 \\ \Delta u_f = i_f Z_0 \end{cases} \tag{7.19}$$

电流通过互容，有

$$i_c = C_m dz \frac{du_a}{dt} \tag{7.20}$$

耦合电流在传输线 2 上分成两个独立的方向，相互电流关系有

笔记

$$i_c = i_b + i_f \tag{7.21}$$

把式(7.19)和式(7.20)代入式(7.21)中，可得由互容产生的电压为

$$Z_0 C_m dz \frac{du_a}{dt} = \Delta u_b + \Delta u_f \tag{7.22}$$

定义传输线间互容与总电容的比例为容性耦合系数 K_C：

$$K_C = \frac{C_m}{C_g + C_m} \tag{7.23}$$

定义传输线间互感与自感的比例为感性耦合系数 K_L：

$$K_L = \frac{L_m}{L_0} \tag{7.24}$$

由于此时传输线的特性阻抗和相速度分别为

$$Z_0 = \sqrt{\frac{L_0}{C_g + C_m}} \tag{7.25}$$

$$v_p = \frac{1}{\sqrt{L_0(C_g + C_m)}} \tag{7.26}$$

因此把式(7.25)代入式(7.22)中，有

$$\Delta u_b + \Delta u_f = \sqrt{\frac{L_0 C_m^2}{C_g + C_m}} dz \frac{du_a}{dt} \tag{7.27}$$

在式(7.27)中应用式(7.23)和式(7.26)，可得由互容引起的前向与后向串扰总和的表达式为

$$\Delta u_b + \Delta u_f = \frac{K_C}{v_p} dz \frac{du_a}{dt} \tag{7.28}$$

接下来求解由感性耦合导致的串扰，传输线 1 上的电流通过互感在传输线 2 上引起了电压，其传输方向与传输线 1 中的入射信号相反，这样会产生一个电压的差值，并向后向传输：

$$\Delta u_b - \Delta u_f = L_m dz \frac{di_a}{dt} \tag{7.29}$$

由于 $u_a = i_a Z_0$，因此有

$$\Delta u_b - \Delta u_f = \frac{L_m}{Z_0} dz \frac{du_a}{dt} = \sqrt{L_0(C_g + C_m) \frac{L_m^2}{L_0^2}} dz \frac{du_a}{dt} = \frac{K_L}{v_p} dz \frac{du_a}{dt} \tag{7.30}$$

联合式(7.28)和式(7.30)，可以得到：

$$\begin{cases} \Delta u_f = dz \dfrac{K_C - K_L}{2v_p} \dfrac{du_a}{dt} \\[2mm] \Delta u_b = dz \dfrac{K_C + K_L}{2v_p} \dfrac{du_a}{dt} \end{cases} \tag{7.31}$$

在式(7.31)中，当对 dz 取极限($dz \to 0$)时，Δu_b 和 Δu_f 的解为

$$\begin{cases} \dfrac{du_f}{dz} = \dfrac{K_C - K_L}{2v_p} \dfrac{du_a}{dt} \\[2mm] \dfrac{du_b}{dz} = \dfrac{K_C + K_L}{2v_p} \dfrac{du_a}{dt} \end{cases} \tag{7.32}$$

对式(7.32)的第一式从 $z=0$ 到 $z=l$ 进行积分,可以得到远端串扰的时域表达式:

$$u_f = \frac{1}{2}(K_C - K_L)\frac{l}{v_p}\frac{\mathrm{d}u_a}{\mathrm{d}t} \tag{7.33}$$

进一步,把式(7.23)至(7.26)代入式(7.33)中,可以得到远端串扰为

$$u_f = \frac{1}{2}l\left(C_m Z_0 - \frac{L_m}{Z_0}\right)\frac{\mathrm{d}u_a}{\mathrm{d}t} \tag{7.34}$$

式中,Z_0 为传输线的特性阻抗,C_m 为单位长度传输线间的耦合电容,L_m 为单位长度传输线间的耦合电感,l 为传输线的耦合长度,u_a 为干扰线上的输入信号。

从式(7.33)中可以看出,如果能使 $K_C - K_L = 0$,那么远端串扰将不存在。但对于微带线,感性耦合通常是大于容性耦合的,所以远端串扰与干扰线上的输入信号有着相反的极性。

7.3 影响微带线间串扰的因素

在高速互连中,远端串扰是最主要噪声,这是由于远端串扰会严重影响接收端信号的正确判决,对系统的危害更为严重。远端串扰主要与信号上升时间、耦合间距、耦合长度、介质厚度、介电常数等有关。

1. 远端串扰与干扰信号的上升时间有关,上升时间越短串扰越大

在高速数字系统中,为了最大可能提高系统的运行速度,必须将穿过阈值范围的数据传输的时序不确定性做得最小,也就是说,数字信号的上升或者下降时间要足够小,那么,越快的上升或者下降时间,在信号的频谱中会有越多的高频分量,这将引起更大级别的串扰。高速数字信号的上升(下降)时间如图7.11所示。

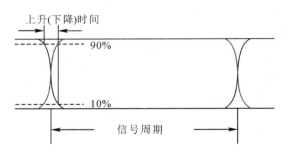

图 7.11 高速数字信号的上升(下降)时间

利用 ADS 软件可以进行仿真验证。如图7.12所示在 ADS 原理图界面进行仿真设计,然后执行仿真得到仿真结果。ADS 可以提供直流仿真、交流仿真、S 参数仿真、谐波平衡仿真、增益压缩仿真、电路包络仿真、瞬态仿真、预算仿真和电磁仿真等功能模块,这些模块可以进行线性和非线性仿真、电路和电磁仿真、频域和时域仿真、射频系统仿真等。

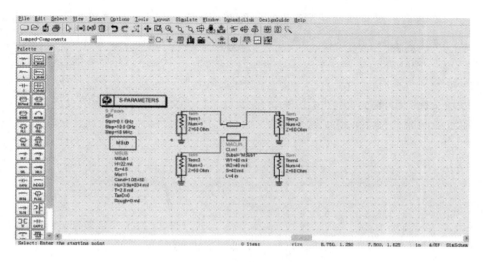

图 7.12 ADS 原理图仿真界面

在 ADS 原理图界面构建两条耦合微带传输线，设置微带线的基本参数：$W = 1$ mm，$s = 1$ mm，$h = 0.6$ mm，$t = 70$ μm，$\varepsilon_r = 4.6$，$\mu_r = 1$，这些参数的含义如图 7.13 所示，为两条耦合微带传输线的物理结构参数，特性阻抗 $Z_0 = 50$ Ω，线长 $l = 10$ cm。当干扰线上激励信号的上升时间分别为 100 ps、50 ps、20 ps 时，仿真受扰线上的远端串扰，仿真结果如图 7.14 所示。从图 7.14 中可以看出，随着激励信号上升时间减小，串扰越来越大。

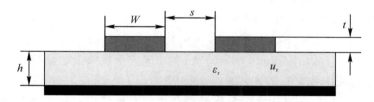

图 7.13 仿真所使用的微带线结构及参数

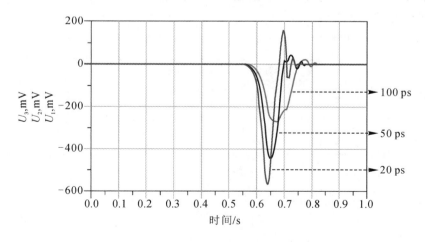

图 7.14 信号上升时间对串扰的影响

2. 远端串扰与耦合距离有关，间距越小，串扰越大，反之成立

继续使用图 7.13 的两条耦合微带线参数模型，设置基本参数：$W=1$ mm，$h=0.6$ mm，$t=70$ μm，$\varepsilon_r=4.6$，$\mu_r=1$，线长 $l=10$ cm。当两条耦合微带线间距分别为 $s=2$ mm，$s=1$ mm，$s=0.5$ mm 时，固定干扰线上激励信号，仿真受扰线上的远端串扰，仿真结果如图 7.15 所示。从图 7.15 中可以看出，随着线间距的减小，串扰越来越大。

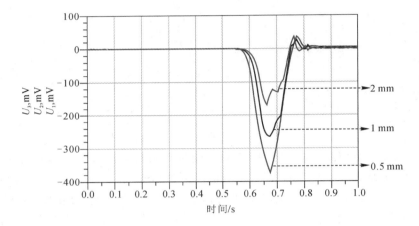

图 7.15　线间距对串扰的影响

3. 远端串扰与耦合长度成正比，耦合长度越大，串扰峰值越大

继续使用图 7.13 的两条耦合微带线参数模型，设置基本参数：$W=1$ mm，$s=1$ mm，$h=0.6$ mm，$t=70$ μm，$\varepsilon_r=4.6$，$\mu_r=1$。当两条耦合微带线线长分别为 $l=2.5$ cm，$l=5$ cm，$l=10$ cm 时，固定干扰线上激励信号，仿真受扰线上的远端串扰，仿真结果如图 7.16 所示。从图 7.16 中可以看出，随着线长的增加，耦合长度变大，串扰越来越大。但远端串扰也存在饱和长度，当耦合长度达到一定程度，再增加耦合长度，幅度不再增加，仅是串扰脉冲时间宽度上的增加。

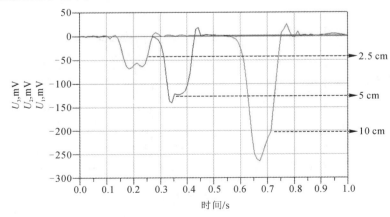

图 7.16　耦合长度对串扰的影响

一般传输线的特性阻抗均为 $Z_0 = 50\ \Omega$，为了控制阻抗不变，改变介质厚度必然需要改变线宽，所以此时串扰的变化不仅仅与介质厚度有关，也与同时改变的线宽有关。介质厚度越厚，线宽越宽，在线间距固定的情况下，串扰越大。为了控制阻抗不变，使用介电常数较小的介质基片，必然使介质基片更薄，从而导致串扰减小。

以上分析了两条传输线间影响串扰的重要因素，对于一般高速互连系统，耦合传输线的数目不仅仅是两条而是多条，由于所有的线性无源系统都具有叠加特性，因此对于串扰分析，叠加原则依然适用。

如图 7.17 所示的三条微带传输线，线长 $l = 5$ cm，其他参数同上，三条微带传输线上都有激励信号，都为伪随机序列的一部分，分别为"010010110011""111001101111""100010011000"，三个输入信号的速率同为 2 Gbit/s，上升与下降时间都为 50 ps。从图 7.17 中可以看出，中间传输线将受左右相邻两条传输线的串扰，所以其上的总串扰是左右相邻两条传输线对它串扰的叠加，从仿真结果中也可以验证这一点，如图 7.18 所示。

笔记

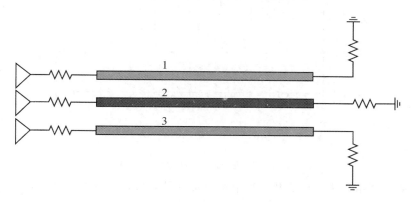

图 7.17　三条耦合微带传输线

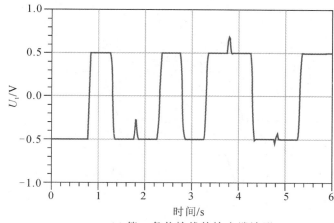

(a) 第一条传输线的输出端波形

笔记

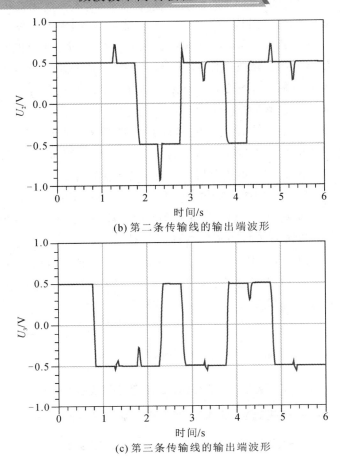

(b) 第二条传输线的输出端波形

(c) 第三条传输线的输出端波形

图 7.18　三条传输线间串扰仿真结果

从仿真结果中可以看出，当串扰叠加在信号脉冲中间时，会导致信号幅度畸变，信号叠加了串扰噪声。但当串扰叠加在信号的边沿时，会引起信号边沿的畸变，进而导致信号抖动和时序变化。两条传输线上信号的跳变情况如图 7.19 所示。

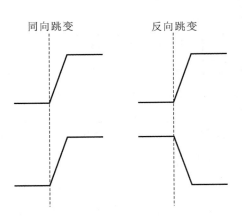

图 7.19　两条传输线上信号的跳变情况

✍ 笔记

　　在信号传输过程中，串扰可能引起信号边沿到达时间延迟，也可能引起信号边沿到达时间提前，这取决于相邻传输线上信号的跳变方向，当干扰线信号与受害线信号同向跳变时，每条线都有相同的电位，空气中几乎没有电力线，电力线都在介质中，致使有效介电常数增大，受害线信号的速度降低，时延增加；当干扰线信号与受害线信号反向跳变时，干扰线与受害线之间有很强的场，许多电力线在空气中，致使有效介电常数减小，导致受害线信号的速度更快，时延减小；对于同步传输的多路信号，串扰的存在会导致信号时序错乱。图 7.20 给出了三种情况下串扰引起时序变化的仿真结果，分别为① 一条线为信号线，一条线为静态线；② 两条线上信号同步同向跳变；③ 两条线上信号同步反向跳变。从图 7.20 中可以看出，信号同步反向跳变时，时延减小；信号同步同向跳变时，时延增大。

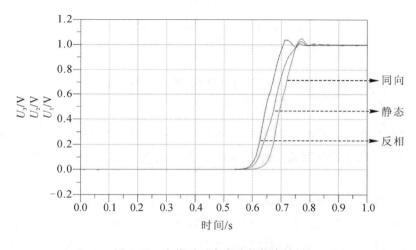

图 7.20　串扰对时序影响的仿真结果

　　以上从时域角度对串扰进行了分析，也可以从频域角度对串扰进行描述，根据微波网络模型，两条耦合微带传输线为四端口网络。标准端口命名规则下的两条耦合微带线如图 7.21 所示，使用标准端口命名规则，在对应的散射参量矩阵中，S_{21} 为干扰线对应的插入损耗，S_{43} 为受害线对应的插入损耗，S_{31} 对应为近端串扰，S_{41} 对应为远端串扰。仿真了两条耦合微带线的 S 参数，结果如图 7.22 所示。从结果中可以看出，随着频率的升高，远端串扰增大，更多的信号耦合到了受害线，使 S_{21} 降低。S_{21} 的降低除了串扰因素还有本身的衰减。

图 7.21　标准端口命名规则下的两条耦合微带线

笔记

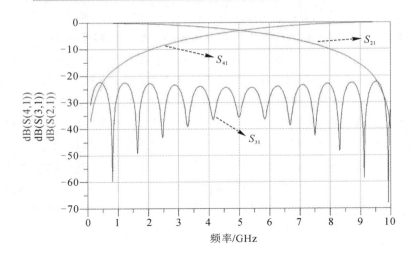

图 7.22　两条耦合微带线对应网络的 S 参量

7.4　减小串扰的一般方法

串扰是相邻传输线间通过电磁场耦合而产生的，因此从物理结构参数的角度来考虑串扰问题是减小串扰的基本出发点。以下给出了一般减小串扰的方法。

（1）增大传输线间的距离或者进行防护布线。增加传输线间的距离或者防护布线，可使串扰减小，但电路板的费用将增加，也使系统的体积增加。

（2）减小耦合长度。控制耦合长度可以把远端串扰的幅度控制得很小，但对于限定布局的器件之间耦合长度很难进一步减小，且限制布线效率。

（3）减小信号的上升时间。这样会限制系统的性能，在系统性能一定情况下此方法不可取。

（4）使用差分信号。在布线上会需要更多的线，增加成本和复杂度。

（5）减小信号线层与地线层之间的距离。这样可以减小信号线对邻近信号线的耦合，但最小的可选厚度有限制，所以该方法的使用有局限。

（6）在传输线间添加符合磁性材料用于抑制传输线间的互容和互感，从而减小串扰。

7.5　本 章 小 结

本章主要介绍了串扰的概念，串扰的本质，特别是针对远端串扰进行了时域表达式的推导，并给出了影响远端串扰的因素和减小远端串扰的一般方法。串扰本身不是一个新的问题，近年来，随着电子产品的智能化发展，却在高速互连中成为了新的挑战。信号频率变高，边沿变短，印刷电路板的尺寸变小，布线密度加大等都使得互连中的串扰成为一个越来越值得关注的问题。随着电子工程师不断把设计推向技术与工艺的极限，串扰分析变得越来越重要，在传统的互连技术的基础上研究新的互连技术将为解决串扰问题提供新的思路。

 笔记

7.6 本章主要知识表格

微带线相关参数计算公式如表 7.1 所示。耦合传输线方程如表 7.2 所示。影响远端串扰的主要因素如表 7.3 所示。

表 7.1 微带线相关参数计算公式

微带线相关参数	公 式
微带线的特性阻抗	$\begin{cases} Z_0 = \dfrac{60}{\sqrt{\varepsilon_{re}}}\ln\left(\dfrac{8h}{W}+\dfrac{W}{4h}\right),\ W\leqslant h \\ Z_0 = \dfrac{120\pi}{\sqrt{\varepsilon_{re}}\left[\dfrac{W}{h}+1.393+0.667\ln\left(\dfrac{W}{h}+1.444\right)\right]},\ W\geqslant h \end{cases}$
微带线间远端串扰	$u_f = \dfrac{1}{2}l\left(C_m Z_0 - \dfrac{L_m}{Z_0}\right)\dfrac{du_a}{dt}$

表 7.2 耦合传输线方程

耦合传输线方程	公 式	备注（以两条均匀无损耗传输线为例）
电压方程	$\dfrac{d^2 U}{dz^2} = \omega^2 LCU$	$U = \begin{bmatrix} U_1(z) \\ U_2(z) \end{bmatrix}$ $L = \begin{bmatrix} L_0 & L_m \\ L_m & L_0 \end{bmatrix}$ $C = \begin{bmatrix} (C_g+C_m) & -C_m \\ -C_m & (C_g+C_m) \end{bmatrix}$
电流方程	$\dfrac{d^2 I}{dz^2} = -\omega^2 CLI$	$I = \begin{bmatrix} I_1(z) \\ I_2(z) \end{bmatrix}\ C = \begin{bmatrix} (C_g+C_m) & -C_m \\ -C_m & (C_g+C_m) \end{bmatrix}$ $L = \begin{bmatrix} L_0 & L_m \\ L_m & L_0 \end{bmatrix}$

表 7.3　影响远端串扰的主要因素

影响远端串扰的 主要因素	一般表现	备　　注
激励信号的上升时间	上升时间越短，串扰越大	—
信号路径之间的距离	距离越小，串扰越大	—
耦合长度	长度距离越大，串扰越大	存在饱和长度
介质厚度	介质厚度越大，串扰越大	保持特性阻抗和线间距不变，介质厚度越厚，线宽越宽
介质基片的介电常数	介电常数越小，串扰越小	保持特性阻抗和线间距不变，介质基片的介电常数越小，介质基片越薄

7.7　本章习题

（1）微带线的特性阻抗与哪些物理参数有关？

（2）影响传输线间串扰大小的主要因素有哪些？

（3）简述串扰的叠加特性。

（4）串扰引起信号时序问题的根本原因是什么？

（5）如何减小微带线间的串扰？

✍ 笔记

附录　各章习题参考答案

第 1 章

（1）～（4）略

（5）$Z = R + j\omega L - j\dfrac{1}{\omega C}$

第 2 章

（1）1.5 GHz 时为感性；2 GHz 时为容性。

（2）根据公式 $Z_{in}(z) = -jZ_0 \cot\beta z$，线上任意一点处的输入阻抗为纯电抗，且呈现周期性变化规律。当 $0 < l < \lambda/4$，$Z_{in}(l) < 0$，输入阻抗呈现为容性，等效为电容；当 $l = \lambda/4$，$Z_{in}(l) = 0$，相当于串联谐振；当 $\lambda/4 < l < \lambda/2$，$Z_{in}(l) > 0$，输入阻抗呈现为感性，等效为电感；当 $l = \lambda/2$ 时，$Z_{in}(0) = \infty$，相当于并联谐振；按位置坐标再继续推算输入阻抗，可以得到，每经过 $\lambda/2$ 阻抗分布情况重复一次。

（3）$l_{min} = 225$ mm。

（4）电压最小值点处的输入阻抗为 Z_0/ρ，即 $Z_0/\rho = Z_{in}(l) = Z_0 \dfrac{Z_L + jZ_0 \tan\beta l}{Z_0 + jZ_L \tan\beta l}$，即可以证得。

（5）① $\Gamma(z) = \dfrac{2-j}{5} e^{-j2\beta z} = \dfrac{\sqrt{5}}{5} e^{-j(2\beta z - 2.68)}$；　② $l_{max} = \dfrac{\lambda}{4\pi}\varphi_L = \dfrac{2.68\lambda}{4\pi}$，

$l_{min} = \dfrac{\lambda}{4} + \dfrac{2.68\lambda}{4\pi}$。

（6）$Z_0 = 50\ \Omega$ 或者 $Z_0 = 200\ \Omega$。

（7）$Z_{in} = \dfrac{8-j4}{5} Z_0$；$Z_{max} = (3+\sqrt{5}) Z_0$；$\Gamma_L = \dfrac{2+j}{5}$；$\rho = \dfrac{3+\sqrt{5}}{2}$。

（8）① $Z_{in} = (100-j50)\Omega$；　② $\Gamma_L = \dfrac{1+j2}{5}$；　③ $\rho = \dfrac{3+\sqrt{5}}{2}$。

（9）此时为全反射驻波状态，驻波比为无穷大。

（10）$Z_L = 50 \dfrac{3 + e^{j0.2\pi}}{3 - e^{j0.2\pi}}$

第 3 章

（1）$Z_{in} = (27.5 + j20)\Omega$，$Y_{in} = (0.024 - j0.018)$S

（2）$Z_L = (35 - j22.5)\Omega$

（3）$\Gamma_{in} = 0.23 e^{-j108°}$，$\rho = 1.6$

笔记

(4) $l_{min}=0.2\lambda$, $l_{max}=0.45\lambda$

(5) $l=0.47\lambda$

(6) $l=0.22\lambda$

(7) $Z_{in}=(27.5-j10)\Omega$, $Z_{min}=26\Omega$, $Z_{max}=97\Omega$

(8) $Z_L=(18+j8)\Omega$, $\rho=2.9$

(9) $l=2.75$ cm

(10) $Z_L=(85+j15)\Omega$

第 4 章

(1) $\begin{cases} d_1\approx0.124\lambda \\ l_1\approx0.125\lambda \end{cases}$, $\begin{cases} d_2\approx0.301\lambda \\ l_2\approx0.375\lambda \end{cases}$

(2) $\begin{cases} d_1\approx0.204\lambda \\ l_1\approx0.062\lambda \end{cases}$, $\begin{cases} d_2\approx0.314\lambda \\ l_2\approx0.436\lambda \end{cases}$

(3) $\begin{cases} d_1\approx0.217\lambda \\ l_1\approx0.380\lambda \end{cases}$, $\begin{cases} d_2\approx0.397\lambda \\ l_2\approx0.120\lambda \end{cases}$

(4) $\begin{cases} d_1\approx0.179\lambda \\ l_1\approx0.392\lambda \end{cases}$, $\begin{cases} d_2\approx0.369\lambda \\ l_2\approx0.106\lambda \end{cases}$

(5) $l_1\approx\begin{cases} 0.376\lambda \\ 0.033\lambda \end{cases}$, $l_2\approx\begin{cases} 0.454\lambda \\ 0.1\lambda \end{cases}$

第 5 章

(1) $\lambda_c=45.72$ (mm) , $\lambda_p\approx39.76$ (mm) , $\beta\approx158$ (rad/m)

(2) $\lambda_c=57$ (mm) , $\lambda_p\approx104.14$ (mm) , $\beta\approx60$ (rad/m)

(3) 可以通过波导传输的有：$\lambda_2=4$ cm，$\lambda_3=3.2$ cm，$\lambda_4=1.5$ cm；可以通过单模传输的有：$\lambda_2=4$ cm，$\lambda_3=3.2$ cm。

(4) $a<\lambda<2a$, $\lambda_p=1.25$ (cm) , $\lambda_g=0.8$ (cm)

(5) $\lambda_{c-TE_{11}}=21.65$ (mm) , $\lambda_{c-TM_{01}}=16.64$ (mm)

第 6 章

(1) $\boldsymbol{S}'=e^{j2\beta l}\boldsymbol{S}=e^{j2\beta l}\begin{bmatrix} S_{11} & S_{12} \\ S_{21} & S_{22} \end{bmatrix}$

(2) 该网络是互易网络，是对称网络，是非无耗网络。

(3) ① $\begin{bmatrix} \dfrac{1}{Z} & -\dfrac{1}{Z} \\ -\dfrac{1}{Z} & \dfrac{1}{Z} \end{bmatrix}$ ② $\begin{bmatrix} 1 & Z \\ 0 & 1 \end{bmatrix}$ ③ $\begin{bmatrix} \dfrac{Z}{2Z_0+Z} & \dfrac{2Z_0}{2Z_0+Z} \\ \dfrac{2Z_0}{2Z_0+Z} & \dfrac{Z}{2Z_0+Z} \end{bmatrix}$ ④ $\begin{bmatrix} \dfrac{1}{Y} & \dfrac{1}{Y} \\ \dfrac{1}{Y} & \dfrac{1}{Y} \end{bmatrix}$

⑤ $\begin{bmatrix} \dfrac{-Y}{2Y_0+Y} & \dfrac{2Y_0}{2Y_0+Y} \\ \dfrac{2Y_0}{2Y_0+Y} & \dfrac{-Y}{2Y_0+Y} \end{bmatrix}$ ⑥ $\begin{bmatrix} jZ_0\cot(\beta l) & -jZ_0\csc(\beta l) \\ -jZ_0\csc(\beta l) & jZ_0\cot(\beta l) \end{bmatrix}$

✐ 笔记

⑦ $\begin{bmatrix} \dfrac{-\mathrm{jcot}(\beta l)}{Z_0} & \dfrac{\mathrm{jcsc}(\beta l)}{Z_0} \\[3mm] \dfrac{\mathrm{jcsc}(\beta l)}{Z_0} & \dfrac{-\mathrm{jcot}(\beta l)}{Z_0} \end{bmatrix}$　⑧ $\begin{bmatrix} \cos(\beta l) & \mathrm{j}Z_0\sin(\beta l) \\[3mm] \dfrac{\mathrm{jsin}(\beta l)}{Z_0} & \cos(\beta l) \end{bmatrix}$

（4）按三个网络级联求出 A 矩阵：$\begin{bmatrix} 1+Z_1 Y & Z_1+Z_2+Z_1 Z_2 Y \\ Y & 1+Z_2 Y \end{bmatrix}$

（5）按两个网络的并联求 Y 矩阵，然后按照 Y 矩阵与 S 矩阵的关系求出 S 矩阵。

第 7 章

（1）～（5）略

笔记

参 考 文 献

[1] 董金明,林萍实,邓晖. 微波技术[M]. 2版. 北京:机械工业出版社,2009.

[2] 李秀萍. 微波技术基础[M]. 2版. 北京:电子工业出版社,2017.

[3] 顾继慧. 微波技术[M]. 2版. 北京:科学出版社,2014.

[4] 黄玉兰. 射频电路理论与设计[M]. 2版. 北京:人民邮电出版社,2015.

[5] 闫润卿,李英惠. 微波技术基础[M]. 3版. 北京:北京理工大学出版社,2004.

[6] 廖承恩. 微波技术基础[M]. 西安:西安电子科技大学出版社,2021.

[7] Eric Bogatin. 信号完整性与电源完整性分析[M]. 李玉山,刘洋,等译. 2版. 北京:电子工业出版社,2015.

[8] STEPHEN H. HALL,HOWARD L H. 高级信号完整性技术[M]. 张徐亮,鲍景富,张雅丽,等译. 北京:电子工业出版社,2015.

[9] 电子科技大学党委宣传部. 中国微波之父:中国科学院院士林为干传略[M]. 成都:电子科技大学出版社,2008.

[10] 李斌. 与光同行:叶培大传略[M]. 北京:北京邮电大学出版社,2005.

[11] 科普中国. 我国又多一颗微波遥感卫星,"微波"是什么呢?[Z/OL]. 科普中国网,2022.

[12] 冯正和,汪海勇. 微波分会成立五十周年回顾与展望[J]. 微波学报,2013,29(5~6):1-7.